KB110977

신약
개발
전쟁

블록버스터 신약의 과실은
누가 가져가는가

신약개발
전쟁

이성규 지음

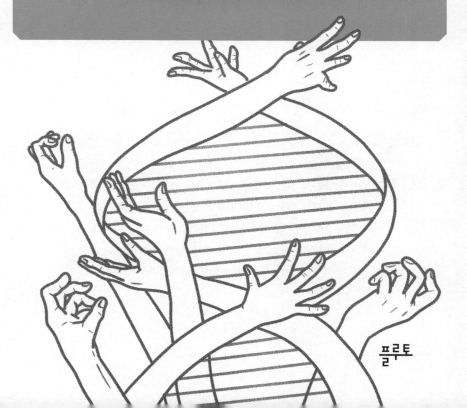

플루토

김선진 플랫바이오 대표이사

국민의 생명과 국가 경제를 담보하는 "세계 보건 대전(世界 保健 大戰)"에서 국가 바이오 역량의 위력이 얼마나 강력한지를 실감하고 있다. 신약개발은 천문학적인 부의 창출과 명예를 꿈꾸는 많은 사람이 무한의 경쟁을 펼치며 발전하고 있는 분야며, 이 과정에서 수많은 혼란과 혼돈, 성공과 실패를 통한 혹독한 성장통을 겪고 있다. 《신약개발 전쟁》은 YTN 과학전문기자 이성규가 바이오 분야의 전문 언론인으로서 학습하고 체험한 지식과 경험을 바탕으로, 신약개발과 관련한 핵심적이고 중요한 용어와 개념을 명확하고 이해하기 쉽게 풀어놓은 길라잡이다. 바이오 관계자들을 비롯해 바이오 분야 투자자와 일반인들까지, 대중의 궁금증을 풀어주는 청량제 같은 바이오 해설서로 이 책을 추천한다.

이상훈 에이비엘바이오 대표이사

코로나 팬데믹을 겪으며 우리는 mRNA 백신, 항체 치료제, 바이러스 항원 등의 용어를 익숙하게 받아들이고 있다. 하지만 'mRNA 백신의 기전은 무엇인가?'라는 질문에 정확한 답변을 내놓을 수 있는 사람은 매우 소수에 불과하다. 우리에게 명쾌하고 쉬운 설명을 제공하는 가이드, 《신약개발 전쟁》이 필요한 이유다. 신약개발의 개념부터 바이오 기술의 현재와 미래를 꿰뚫어 보는 이 책과 함께라면 평범한 사람들도 어렵기만 한 신약개발의 세계에 한 발짝 더 가까이 다가갈 수 있을 것이다.

이희용 지투지바이오 대표이사

미래 먹거리를 위해 꼭 투자해야 하는 분야 중 하나인 제약·바이오 분야는 사람들이 비교적 이해하기 어려워한다. 생명공학을 전공한 저자는 과학전문기자로서의 오랜 경험을 살려 일반인들도 이해하기 쉽도록 신약개발 과정과 국내 신약개발 현황을 잘 정리하였다. 신약개발 및 현재와 미래에 주목할 만한 제약·바이오 기술에 대해 알고자 하는 모든 사람에게 이 책의 일독을 권한다.

묵인희 서울대 의대 교수

코로나 팬데믹 시대, 온 국민은 코로나 백신을 접하며 자연스럽게 백신 전문가가 된 듯하다. mRNA 백신, 아데노바이러스 백신 등 본인이 접종하는 백신의 장·단점과 부작용 등을 찾아보며 사람들의 면역학적 지식이 업그레이드되었고, 신약개발의 관심이 그 어느 때보다 높다. 《신약개발 전쟁》은 저자가 과학전문기자로서 일반인들이 궁금해하는 부분을 쏙쏙 뽑아서 알기 쉽게 설명하면서도 원리까지 짚은 깊이 있는 내용으로 채워져 있다. 바이오 기술의 현재, 미래를 보고 싶다면 각 분야의 궁금증을 해소해줄 이 책을 추천한다.

차 례

1장

신약개발을 이해하기 위한 기초 지식

2장

요즘 뜨는 바이오 기술

프롤로그

대학에서 생명공학을 전공한 필자는 학부 3학년 여름방학과 겨울방학 내내 대학원 실험실에 출근을 했다. 학부 3~4학년은 대학원 실험실을 지정받아 실험 실습과 논문 발표 등을 해야 했기 때문이다. 학부 1~2학년을 거의 놀면서 보낸 필자에게 실험실 생활은 제2의 군대 생활이었다. 생전 처음 듣는 용어가 매일같이 튀어나왔고, 입학 후 처음으로 전공과 관련한 논문을 읽어야 했으니, 독자들도 필자의 고충을 짐작할 수 있을 것이다.

여러 어려움 가운데에서도 지금도 필자의 뇌리에 잊히지 않는 것은 '파지 디스플레이 라이브러리phage display library'라는 기술이었다. 파지가 뭔지도 모르는데 디스플레이를 하고 거기다가 라이브러리까지 만든다고? 도대체 이게 무슨 말일까? 몇 날 며칠을 끙끙대던 필자에게 해답을 준 것은 당시 석사 3학기를 밟고 있던 학부 동기생이었다. 파지 디스플레이 라이브러리란 박테리오파지의 껍데기에 특정 단백질들을 올리는 기술이다. 박테리오파지를 이용하기 때문에 파지, 파지의 껍데기에 단백질을 올리기 때문에 디스플레이, 한두 개의 단백질이 아닌 수많은 단백질을 올리는 것이기 때문에 도서관에 빗대 라이브러리라고 한다는 설명이었다.

그럼 이제부터 파지 디스플레이 라이브러리에 대해 좀 더 자세히 살펴보자. 박테리오파지는 바이러스의 일종으로, 특이하게도 세균만을 감염한다. 그렇기 때문에 실험실에서 박테리오파지로 실험을 해도 인간을 감염하지 않는다. 박테리오파지뿐만 아니라 인간과 동물, 식물을 감염하는 모든 바이러스는 기본적으로 유전자와 유전자를 감싸는 껍데기 단백질로 구성돼 있다. 박테리오파지가 숙주인 세균을 감염하면, 세균 안에서 자신의 유전자를 복제하고 껍데기 단백질을 만들어 온전한 박테리오파지가 만들어진다.

그런데 박테리오파지가 껍데기 단백질을 만들 때, 파지 자체가 보유한 단백질뿐만 아니라, 인간이 원하는 특정 단백질을 만들게 할 수 있다. 특정 단백질을 코딩하는 유전자를 편의상 A라고 해보자. 박테리오파지의 유전자에 A 유전자를 끼워 넣으면, 박테리오파지는 자신의 껍데기 단백질을 만들 때 A 단백질도 함께 만든다. 그러면 A 단백질은 파지의 껍데기 표면에 만들어진다. 그런데 과학자들은 통상 수백 개에서 수천 개의 특정 단백질을 파지 껍데기에 올린다. 파지 1개당 1개의 특정 단백질이 올라가도록 만들어야 하기 때문에 1,000개의 특정 단백질을 올리려면 1,000개의 파지가 필요하다.

과학자들은 왜 파지 디스플레이 라이브러리를 만드는 걸까? 바로 자신이 원하는 단백질을 찾기 위해서다. 1,000개의 단백질 가운데 B라는 단백질과 가장 강력하게 결합하는 특정 단백질을 찾는 것이 목표라고 가정해보자. 먼저 1,000개의 단백질로 구성된 파지 디스플레이 라이브러리를 만든다. 그리고 B 단백질을 실험 기구에 고정한 뒤 파지 라이브러리를 실험 기구에 흘려보내면 B 단백질과 가장 강력하게 결합하는 단백질을 가진 파지만 골라낼 수 있다. 이 단백질을 C라고 해보자. 여기서 C 단백질은 특정 질병을 치료하는 항체이고, B 단백질은 특정 질병에 걸렸을 때 인간 세포가 발현하는 특이적인 항원이다. 바꿔 말하면 질병을 치료할 수 있는 항체를 찾기 위해 파지 디스플레이 라이브러리 기술을 이용하는 것이다.

파지 디스플레이　　　　　　　　　　　　　　　ⓒ노벨위원회

특정 유전자

DNA

박테리오파지

박테리오파지 껍데기에
발현한 특정 단백질

박테리오파지 껍데기
단백질

박테리오파지 껍데기에
발현한 특정 단백질과
결합하는 항체

박테리오파지
껍데기에
발현한 특정
단백질

필자가 파지 디스플레이 라이브러리 기술을 자세하게 설명하는 이유는 이 기술이 신약개발과 직접적인 연관이 있기 때문이다. 미국 과학자 조지 스미스는 1985년 처음으로 파지 디스플레이 개발에 성공했다. 이후 그레고리 윈터는 1989년 파지 디스플레이 기술을 이용해 아달리무맙adalimumab이라는 단백질을 찾아냈다. 아달리무맙의 맙mab은 단일클론항체monoclonal antibody라는 뜻으로, 1개의 항체를 복제해 만든 단백질이다. 아달리무맙이 결합하는 대상, 즉 항원은 'TNF-α'라는 단백질이다. TNF-α는 류머티즘 관절염 등 자가면역 질환을 일으키는 원인 물질 가운데 하나다. 아달리무맙은 TNF-α에 결합해 기능을 억제한다. 류머티즘 관절염 치료제 아달리무맙은 2002년 미국 식품의약국(이하 FDA)의 승인을 받았다. 아달리무맙 이전에도 TNF-α를 공격하는 항체가 있기는 했다. 하나는 인플리시맙infliximab이고, 나머지 하나는 이타너셉트etanercept이다. 하지만 아달리무맙은 온전한 인간 단일클론항체라는 점에서 두 항체와 다르다. 두 항체는 생쥐와 인간의 항체를 결합한 일종의 키메라chimeric 항체거나 융합 단백질fusion protein이다.

아달리무맙은 휴미라Humira라는 이름으로 출시됐다. 휴미라는 2020년 기준 전 세계적으로 22조 원의 매출을 기록한 블록버스터 의약품이다. 바이오 분야에서는 연 매출이 1조 원을 넘으면 통상 블록버스터 의약품이라고 부른다. 휴미라의 원천기술인 파지 디스플레이 기술을 개발한 조지 스미스와 파지 디스플레이 기술을 이용해 아달리무맙을 개발한 그레고리 윈터는 이에 대한 공로를 인정받아

2018년 노벨 화학상을 수상했다.

다시 한번 정리해보자. 파지 디스플레이 기술이 처음 등장한 것은 1985년이고, 이 기술을 이용한 첫 의약품이 상용화된 것은 2002년이다. 그리고 이 기술을 개발한 과학자들은 2018년에 과학자로서는 최고의 영예인 노벨 화학상을 받았다. 즉, 원천기술이 등장한 이후 상용화까지 17년이 걸렸고, 노벨상 수상까지는 33년이 걸린 셈이다. 그레고리 윈터가 아달리무맙을 개발한 시점부터 따져도 상용화까지는 13년이 걸렸다. 13~17년의 기나긴 세월이 지난 뒤 신약 휴미라의 열매는 누가 가져갔을까? 또 휴미라의 등장으로 타격을 입은 이들은 누구일까?

이 책에서는 신약개발의 험난한 여정 속에서 신약이라는 열매를 맺기 위해서는 어떤 노력이 필요하며, 그 과실을 누가 어떻게 가져가는지를 살펴보고자 한다. 또 현재 신약개발에서 뜨거운 관심을 받고 있는 분야를 구체적으로 살펴보고, 앞으로 주목받게 될 분야를 중점적으로 전망해보겠다. 아울러 신약개발 역사가 미미한 우리나라가 신약개발의 승자로 발돋움하기 위해서는 무엇이 필요한지도 함께 알아보겠다. 자, 그럼 이제부터 황금알을 낳는 거위로 불리는 신약의 탄생부터 죽음에 이르기까지, 그 흥미로운 여정을 함께 떠나보자.

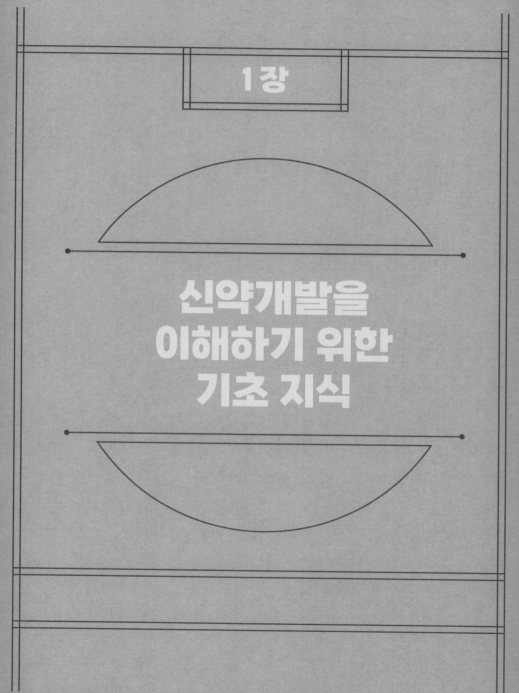

1장

신약개발을
이해하기 위한
기초 지식

신약은 어떻게 만들어지나

로렌조 오도네는 여섯 살 때 ALD(부신백질 이영양증)라는 희소 질환을 앓는다. ALD는 1932년 처음 발견된 유전병으로, 현재까지도 완벽한 치료제가 없는 질환이다. 오도네 부부는 병원 정밀검사를 통해 아들 로렌조가 아직 치료제가 없는 희소 질환에 걸렸으며, 길어야 3년밖에 살지 못할 거라는 얘기를 듣는다. 결국 부부는 스스로 치료제를 찾기로 하고 매일 도서관과 연구소를 오가며 연구에 매진한다. 이윽고 부부는 ALD가 포화지방산과 연관이 있고, 올리브유가 이를 억제하는 데 효과가 있다는 점을 밝혀낸다. 올리브유와 평지씨 기름을 섞어 만든 '로렌조 오일'의 탄생이다.

로렌조 오일의 탄생 비화는 1992년에 개봉한 영화 〈로렌조 오일〉을 통해 전 세계적으로 알려졌다. 난치병에 걸린 아들의 목숨을 구하기 위한 부모의 헌신적인 노력이 잔잔한 감동을 선사하지만, 필자가 흥미로웠던 점은 과학자가 아닌 평범한 회사원이 희소 난치병 치료의 실마리를 찾아냈다는 것이었다. 다행히도 오도네 부부에게는 행운이 따랐다. 일상에서 쉽게 구할 수 있는 올리브와 평지 씨만 있으면 로렌조 오일을 쉽게 만들 수 있었기 때문이다.

로렌조 오일의 행운은 고대인들에게도 그대로 적용된다. 기원전 고대 이집트에서는 허브herb가 치료용으로 쓰였다는 기록이 남아 있다. 과학기술이 지금보다 현저하게 떨어졌던 고대에는 자연에서 쉽게 구할 수 있는 물질이 약으로 쓰였다. 사실 오늘날 인류가 사용하는 의약품의 절반 이상이 천연물에서 유래했다. 고대에는 약초 같은 천연물을 그대로 사용하거나 빻아서 사용했지만, 근대에 들어서면서 천연물에서 추출한 원료를 합성해 의약품을 만들기 시작했다. 의약품을 합성했다는 것은 원료 물질에 변형을 가해 우리가 원하는 화합물을 만들었다는 뜻이다. 이런 물질을 화합물 의약품, 케미컬 신약, 합성신약이라고 한다.

메스암페타민Methamphetamine을 예로 들어보자. 메스암페타민은 1893년 일본 도쿄대학 의학부 교수 나가이 나가요시가 에페드린을 합성해 만들었다. 에페드린은 마황에서 추출한 물질이다. 즉, 메스암페타민은 천연물인 마황을 원료로 만든 의약품인 것이다. 메스암페타민은 1940년대 일본에서 히로뽕이라는 이름으로 판매했으며, 각성 효과가 탁월해 당시 제2차 세계대전에 참전 중인 군인들에게 사용했다. 일설에는 야간 행군이나 자살 특공대인 가미카제 군인들의 공포심을 없애는 데 이용했다고도 한다. 당시에는 메스암페타민의 부작용이 크게 보고되지 않아 일본뿐만 아니라 독일과 유럽, 미국 등에서도 널리 사용했다. 하지만 제2차 세계대전이 끝나고 부작용이 보고되면서 역사의 뒤안길로 사라졌다.

아스피린Aspirin도 대표적인 천연물 유래 합성신약이다. 버드나무 껍질에서 추출한 살리신이라는 물질은 항염·진통·해열 작용이 뛰어나지만, 장기간 복용이 힘들다는 단점이 있었다. 1897년 독일 화학기업 바이엘의 연구원 펠릭스 호프만은 살리신의 단점을 극복한 아세틸살리실산을 장미과 식물인 메도 스위트에서 추출, 합성하는 데 성공했다. 이것이 현재의 아스피린이다. 이외에도 천연물을 활용한 합성신약은 수없이 많다.

항생제는 인류의 보건에 지대한 영향을 미쳤다. 현재 항생제의 대명사는 페니실린Penicillin이지만, 세계 최초의 항생제는 아르스페나민Arsphenamine이었다. 1907년 알프레드 베르타임이 아르스페나민 합성에 성공했다. 아르스페나민의 아르스는 비소arsenic에서 유래한 말이다. 이 물질이 비소 유기 화합물이기 때문이다. 아르스페나민은 살바르산Salvarsan이라는 이름으로 판매했는데, 주로 매독 치료제로 쓰였다. 독일 화학기업 획스트가 제조해 판매한 살바르산은 당시 가장 많이 팔리는 의약품으로 기록됐고, 페니실린이 개발되기 전까지 가장 강력한 매독 치료제였다.

알렉산더 플레밍은 1928년 페니실린을 발견했다. 플레밍은 포도상구균을 페트리접시에 기르고 있었는데, 어느 날 페트리접시 위에 푸른곰팡이가 자라 있고, 곰팡이 주변의 포도상구균이 깨끗하게

녹아 있었다. 플레밍은 페니실리움 크리소게눔penicillium chrysogenum 곰팡이가 분비하는 특정 물질이 포도상구균의 성장을 억제한다는 사실을 발견했고, 이 곰팡이의 이름을 따 페니실린이라고 명명했다. 페니실린 발견 이후 인류는 세균과의 전쟁에서 승기를 잡을 수 있었다. 하지만 세월이 지나면서 페니실린을 무력화하는 내성균이 등장했고, 그에 따라 항생제도 발전하게 됐다.

1901년 다카미네 조키치가 최초의 호르몬인 아드레날린을 합성하는 데 성공했다. 호르몬의 대명사로 불리는 인슐린은 프레데릭 밴팅이 발견했다. 미국 바이오테크 제넨텍Genentech은 대장균을 이용해 인간 인슐린의 대량 생산에 성공했고, 1982년 휴뮬린Humulin이라는 이름으로 미국 FDA의 승인을 받았다. 바이오테크였던 제넨텍은 휴뮬린 개발 이후 미국을 대표하는 바이오기업으로 급성장했다.

근 20년간 전 세계 의약품 시장은 항체 신약 전성시대였다. 세계 최초의 항체 신약 무로모납muromonab은 1986년 미국 FDA의 승인을 받았다. 무로모납은 타인의 장기를 이식할 때 일어나는 면역반응을 억제하는 면역억제제다. 무로모납 이후 아달리무맙 등 항체 신약이 봇물 터지듯 쏟아지기 시작했다.

지금도 항체 신약 시장이 대세라는 점에는 변함이 없다. 하지만 2020년 들어 미묘한 변화가 생기기 시작했다. DNA나 RNA를 치료제나 백신으로 활용하는 일명 유전자 치료제가 주목받기 시작한 것이다. 여기에 더해 줄기세포와 면역세포 같은 세포 치료제가 또 다른 강자로 부상하고 있다. 흥미로운 점은 유전자 치료제나 세포 치료제는 항체 치료제를 온전히 대체할 대체재가 아니라, 항체 치료제와 병용하면 더 빛을 발하는 보완재로 더 많은 이목을 끌고 있다는 것이다.

필자는 자동차에 기름을 넣을 때 주로 셀프 주유소를 이용한다. 회사 근처에 한 곳, 집 근처에 한 곳이 있는데, 우연인지 필연인지 두 곳 모두 SK주유소다.

석유화학기업 SK는 1993년 'P 프로젝트'를 발족했다. P는 'Pharmaceutical제약'의 약자이다. 그러니까 SK 그룹 내에서 신약개발을 전담하는 프로젝트였던 것이다. P 프로젝트에서는 뇌전증 치료제와 우울증 치료제 개발을 시작했는데, 뇌전증 치료제 개발에 성공했다.

그렇게 완성된 신약, 뇌전증 치료제 1호는 미국 존슨앤존슨의 자회사 얀센에 라이선스 아웃license out을 했다. 라이선스 아웃은 지적 재산권이 있는 상품의 판매를 다른 회사에 허가해주는 제도다. 하지만 얀센이 진행한 글로벌 임상 3상에서 고배를 마셔야 했다. 절치부심, 1호의 실패를 딛고 재기에 나선 P 프로젝트는 뇌전증 치료제 2호로 미국 FDA의 승인을 받아내고야 만다. 바로 SK바이오팜의 뇌전증 신약 세노바메이트이다. SK바이오팜은 SK그룹의 자회사로, P 프로젝트팀을 주축으로 2020년 7월 분사해 상장한 회사다. 세노바메이트는 2001년 후보물질 탐색을 시작해서 2007년 미국 FDA로부터 신약 임상시험을 승인받았다. 이후 2008년 임상 1상, 2015년 임상 2상, 2018년 임상 3상을 완료했다. 그리고 마침내 2019년 11월 성인 대상 부분 발작 치료제로 미국 FDA의 시판 허가를 받았다. 신약개발을 시작한 지 18년 만에 미국 FDA의 판매 허가를 받은 셈이다.

신약개발의 첫 단추는 후보물질 탐색이다. 후보물질 탐색이란 신약으로서 가능성이 있는 후보물질을 추려내는 작업이다. 세노바메이트의 경우 후보물질 개발을 위해 2,000개 이상의 화합물을 합성했다. 다음 단계로 후보물질 가운데 효능이 좋은 물질들을 추려내 전임상시험과 임상시험에 들어간다. 임상시험은 사람을 대상으로 후보물질의 안전성과 효능을 검증하는 것으로, 인체 임상시험이라고도 한다. 그런데 임상시험에 들어가기 전에 반드시 전임상이라고도 하는 세포실험과 동물실험 단계를 거쳐야 한다. 즉, 세포실험과 동물실험을 통해 가장 효능이 탁월한 물질을 가려낸 다음 실제 인체 임상시험에 진입하는 것이다. 세노바메이트는 2001년부터 개발에 착수해 2007년 미국 FDA에 임상 1상을 신청했으니 후보물질 탐색에서부터 동물실험까지 대략 7년 정도가 걸린 셈이다.

동물실험은 보통 생쥐나 원숭이를 대상으로 한다. 사람과 가장 비슷한 동물인 원숭이 실험은 비용이 많이 들지만, 실험에서 좋은 결과가 나오면 실제 인체 임상시험에서도 좋은 결과로 이어질 확률이 높다. 그러나 확률이 높을 뿐이지, 반드시 동물실험의 결과가 인체 임상시험과 비례하는 것은 아니다. 사실 동물실험 결과가 좋더라도 임상시험에서 실패하는 경우가 더 많다.

동물실험 결과가 임상시험 결과와 일치하지 않는 가장 큰 이유는 동물실험이 인체의 임상 상황을 제대로 반영하지 못한다는 점을 꼽을 수 있다. 대장암 신약개발을 예로 들어보자. 인체에서 암이 발생하고 성장해서 다른 장기로 전이될 때 암세포는 자신을 둘러싸고 있는 미세한 환경에서 정상세포와 생물학적으로 긴밀하게 상호작용을 한다. 이런 환경을 통상 종양 미세환경이라고 하는데, 동물실험에서 종양 미세환경을 얼마나 유사하게 재현하느냐는 매우 중요하다.

가장 좋은 방법은 동물의 대장에 암을 유발해 동물실험을 진행하는 것이다. 이런 방법을 동소이식 모델이라고 한다. 또 다른 방법은 대장암 세포를 동물의 피부 밑에 이식해서 동물실험을 진행하는 것이다. 이런 방법을 이소이식 모델이라고 한다. 그런데 이소이식 모델로 동물실험을 진행하는 경우, 실제 인체 임상 상황을 제대로 반영했다고 보기 어렵다. 따라서 동물실험의 결과와 인체 임상시험의 결과가 다르게 나타날 수 있다. 국내 바이오기업 플랫바이오는 동소이식 모델을 통해 임상시험의 성공 확률을 높이는 서비스를 제공하고 있다.

인체 임상시험을 좀 더 구체적으로 살펴보면, 인체 임상시험은

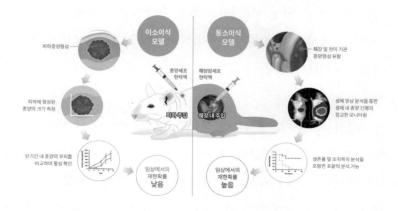

이소이식 모델 VS. 동소이식 모델 비교 ⓒ플랫바이오

이소이식 모델 / 동소이식 모델

피하종양형성 / 췌장 및 전이 기관 종양형성 유발

종양세포 현탁액 / 췌장암세포 현탁액

피하에 형성된 종양의 크기 측정 / 생체 영상 분석을 통한 생체 내 종양 진행의 정교한 모니터링

피하주입 / 췌장 내 주입

단기간 내 종양의 부피를 비교하여 활성 확인 / 생존율 및 조직학적 분석을 포함한 포괄적 분석 가능

임상에서의 재현확률 낮음 / 임상에서의 재현확률 높음

총 3단계로 진행된다. 이를 임상 1상, 2상, 3상이라고 한다.

임상 1상은 보통 100명 이하를 대상으로 약의 독성을 테스트하는 단계다. 임상 1상은 시험약을 최초로 사람에게 적용하는 것이기 때문에 참여자를 대상으로 부작용과 약물의 체내 동태 등 안전성 확인에 중점을 둔다.

임상 2상은 수백 명을 대상으로 약의 효능과 안전성을 알아보는 단계다. 임상 2상은 전기(2a)와 후기(2b)로 나눠 진행한다. 전기에는 환자를 대상으로 안전성과 유효성 등을 검토하고, 후기에는 시험약의 약효를 주의 깊게 검토하면서 용량 반응시험을 실시한다. 이를 통해 최소 유효량과 최대 안전량의 범위를 검토해 임상 최적 용량 폭을 예측한다. 이 기간에 제형과 처방도 예측한다.

임상 2상에서 좋은 결과가 나오면 대규모 임상 3상 단계로 넘어간다. 임상 3상은 수천 명을 대상으로 효능과 안전성을 파악하는 마지막 관문이다. 임상 3상에서는 참여 환자의 주관적이고 자의적인 판단을 배제하기 위해 위약을 투약하는 이중맹검시험double blind test을 시행한다. 임상 3상에서는 효능과 효과, 용법과 용량, 사용상의 주의사항을 결정한다.

사실상 인체 임상시험의 성패는 임상 3상에서 판가름이 나지만, 신약개발 전체 과정에서 보면 임상 2상이 중요한 단계로 꼽힌다. 왜냐하면 어느 정도 규모의 환자를 대상으로 안전성과 효능을 모두 알아볼 수 있는 단계이기 때문이다. 미국 FDA 자료를 살펴보면 신약개발 과정에서 임상 3상의 성공률은 58퍼센트로, 임상 2상 성공률 30퍼센트보다 2배 가까이 높다. 이 말은 10개의 신약후보물질 가운데 3개가 임상 2상 단계에서 성공하고, 임상 2상 단계를 통과한 신약후보물질 3개 가운데 1개가 임상 3상 단계에서 성공한다는 뜻이다. 임상 1상 단계와 그 이전 동물실험 단계부터 따져보면 신약개발의 성공 확률은 0.02퍼센트에 불과하다. 1만 개의 후보물질을 가지고 신약개발에 나섰을 때 최종적으로 1~2개가 성공한다는 것이다. 그만큼 신약개발은 쉬운 일이 아니다.

통상 신약개발을 하는 데 10~15년의 기간과 1조 원의 비용이 든다고 한다. 이것도 그 분야에서 선두를 달리는, 연구를 굉장히 잘하는 그룹이 신약개발에 나섰을 때의 얘기다. 그런데 흥미롭게도 상황에 따라 신약개발의 기간이 대폭 단축되기도 한다. 2020년 전 세계를 강타한 코로나19 백신 개발 사례를 살펴보자. 세계 최초의 코로나19 백신은 미국 화이자와 독일 바이오엔테크가 공동 개발한 mRNA 방식의 백신이다. 미국 FDA는 2020년 12월 12일 화이자와 바이오엔테크의 코로나19 백신을 긴급사용 승인했다. 코로나19 백신 개발에 착수한 지 불과 11개월 만에 이룬 성과였다. 코로나19 백신 이전까지 세계에서 가장 빨리 개발된 백신은 에볼라 백신으로, 이마저도 5년이 걸렸다. 통상적인 신약개발 기간을 생각하면 코로나19 백신 개발은 유례가 없을 정도로 빨랐다. 이런 초고속 개발이 가능했던 것은 미국 정부가 백신 개발에 수조 원의 돈을 지원하고 개발의 모든 과정을 신속하게 처리할 수 있도록 전폭적으로 지원했기 때문이다. 여기에 더해 바이오엔테크가 축적한 mRNA 백신 관련 기술이 있었기에 가능했다.

코로나19 팬데믹 상황에서 단기간에 백신 개발에 성공한 것은 여러모로 의미가 크다. 앞으로 mRNA 기술을 응용하는 백신이나 치료제 개발 기간을 줄일 수 있게 됐기 때문이다. 바꿔 말하면, 앞으로 기술이 발전하면 할수록 신약개발의 기간이 대폭 줄어들 것이라는 얘기다. 이는 인류에게 희소식이 아닐 수 없다. 다만 줄어든 기간에 비례해 개발 비용도 줄어들지, 반대로 늘어날지는 아직 예측하기 어려워 보인다. 필자의 견해로는 기간에 비례해 비용이 줄어들려면 신기술이 좀 더 보편화하는 시간이 필요하다는 점에서, 당분간 현상을 유지하다가 어느 시점에서 폭발적으로 줄어들 것이라고 조심스레 예측해본다.

제네릭과
에버그린

소나무처럼 사계절 내내 잎의 색이 푸른 나무를 상록수라고 한다. 상록수는 영어로 에버그린 트리^{evergreen tree}이다. 에버그린은 소설이나 노래의 소재로도 많이 쓰이곤 했다. 한국 근대소설의 거장 심훈은 농촌 계몽운동을 주제로 장편소설 《상록수》를 썼다. 미국의 가수이자 영화배우인 바브라 스트라이샌드는 〈에버그린〉이라는 노래를 불러 크게 히트하기도 했다. 이 노래는 우리에게도 추억의 팝송으로 널리 알려져 있다.

이렇게 소설과 노래를 넘나들며 대중적인 소재로 쓰이는 에버그린은 제약산업에서도 쓰이고 있다. 오리지널 신약의 특허 연장 방법을 일명 에버그리닝 전략^{evergreening strategy}이라고 한다. 특허권이 늘 푸른 소나무처럼 살아있게 한다는 뜻이다.

통상 신약개발에 성공하면 신약은 특허권과 독점판매권이라는 두 가지 형태로 독점권을 보호받는다. 일정 기간 다른 회사가 유사한 신약을 판매하는 행위를 원천적으로 봉쇄해 개발사의 이익을 보전해주는 것이다.

신약의 특허권 대상은 물질 자체, 사용 방법, 제형, 제조법 등 네 가지다. 물질 특허는 유효성분의 화학적 조성에 관한 것이고, 사용 방법 특허는 심부전이나 우울증 등과 같은 특정 질병을 치료하기 위해 사용하는 약의 용도에 관한 것이다. 제형 특허는 액상, 캡슐 등과 같은 약의 물리적 성질과 모양, 경구, 주사 등과 같은 투여 방법에 관한 것이다. 제조법 특허는 제조 방법을 보호한다. 블록버스터 신약에 적용되는 특허권은 미국 특허청USPTO에 정식으로 특허를 출원한 날로부터 20년간 보장된다.

독점판매권은 미국 FDA가 부여하는 것으로, 약의 시판을 승인하는 순간 주어진다. 신약의 경우 5년, 희귀의약품은 7년, 이미 승인받은 약을 변형하면 3년간 보장된다. 예를 들어 A라는 신약개발 기업이 2000년에 미국 특허청에서 신약후보물질 특허를 획득했다. 그리고 10년 후 미국 FDA에서 신약으로 승인을 받았다. 그러면 특허권은 특허를 획득한 2000년부터 2020년까지 20년간 보장된다. 독점판매권은 미국 FDA의 승인을 받은 2010년부터 2015년까지 5년간 보장된다. 결과적으로 A 기업은 2010년 시판 후부터 10년간 특허권으로 신약을 보호받는 셈이다. 독점판매권은 이 기간에 포함돼 있다. 그런데 만약 A 기업이 2020년에 미국 FDA의 승인을 받았다면 특허권은 2020년에 만료가 되기 때문에 결과적으로 2020년 시판 이후 5년간의 독점판매권만 보장된다.

　복제약인 제네릭은 오리지널 신약의 특허권과 독점판매권 모두가 만료돼야 시장에 등장할 수 있다. 제네릭을 만드는 제약사는 오리지널 신약의 20퍼센트 수준까지 가격을 떨어뜨려 판매하기 때문에 제네릭의 출시는 오리지널 신약에게는 사실상 사형 선고나 다름없다. 때문에 오리지널 신약을 만든 제약사는 특허권 기간을 연장하기 위해 모든 수단을 동원한다.

　오리지널 제약사가 어떻게 에버그리닝 전략을 구사하는지 과거 사례를 통해 살펴보자. 우울증 치료제 팍실Paxil은 영국 제약사 글락소스미스클라인GSK이 제조·판매하는 오리지널 신약이다. 캐나다 제약사 아포텍스Apotex는 1998년 3월 팍실의 제네릭 허가를 신청했고, 이에 글락소스미스클라인은 특허 침해 소송을 제기했다. 오리지널 제약사가 특허 침해 소송을 하면 제네릭은 30개월 동안 자동으로 시판이 정지된다. 글락소스미스클라인은 30개월이 거의 완료되는 2000년 11월 이후 9개의 추가 특허를 출원하는 방식으로 총 네 차례의 추가 소송을 벌였다. 이를 통해 5년간 아포텍스의 제네릭 허가를 지연시켰다.

　프릴로섹Prilosec은 글로벌 제약사 아스트라제네카가 개발한 속쓰림 치료제로, 연간 판매액이 60억 달러에 달해 한때 세계에서 가장 많이 팔리는 약이었다. 프릴로섹은 오메프라졸의 활성형 분자와 비활성형 분자의 혼합물이다. 비활성형 분자는 이성질체라고도 한다. 아스트라제네카는 프릴로섹의 특허 만료를 앞두고 프릴로섹 분자의 활성형만 추출해 넥시움이라는 이름으로 특허를 출원했다.

글로벌 제약사 일라이 릴리^{Eli Lilly}의 프로작^{Prozac}은 선택적 세로토닌 재흡수 억제라는 작용 기전을 이용한 항우울 치료제다. 2011년 프로작의 특허가 만료되자 일라이 릴리는 월경 전 증후군의 치료에 선택적 세로토닌 재흡수 억제제를 처방하는 사용방법 특허를 샀다. 그리고 프로작에 사라펨이라는 이름을 붙여 새로운 적응증 승인을 받았다. 사라펨은 프로작과 색깔만 다를 뿐 같은 용량의 같은 약이다.

고지혈증 치료제 아토바스타틴^{Atorvastatin}의 물질 특허는 국내에서 2007년에 만료됐으나 광학이성질체, 결정다형 관련 후속 특허를 출원해 실제로는 2016년까지 특허권이 연장됐다. 항혈전제 클로피도그렐^{Clopidogel}도 2003년 물질 특허가 만료됐지만 이후 광학이성질체, 결정다형, 복합제 등의 후속 특허를 출원해 2019년까지 특허권을 연장했다.

영리를 목적으로 하는 제약사는 어떻게든 갖가지 방법으로 특허권을 연장하려고 한다. 하지만 에버그리닝 전략이 통하지 않는 경우도 많다. 각국 특허청과 법원은 사소하거나 중요하지 않은 변화에 대해서는 특허를 인정해주지 않는다. 발기부전 치료제의 대명사인 비아그라^{Viagra}의 사례를 살펴보자. 비아그라의 성분인 실데나필 시트레이트^{Sildenafil Citrate}는 애초 심혈관 치료제로, 화이자가 1990년에 특허를 출원했다. 이후 개발 과정에서 발기부전 효과가 입증됐고, 발기부전 치료제로 1993년 용도 특허를 출원했다. 미국에서는 비아그라의 용도 특허가 받아들여졌지만 영국과 유럽에서는 발기부전 치료제 용도 특허를 무효화했다.

오리지널 신약의 에버그리닝 전략은 오리지널 신약을 개발한 제약사에게는 주요한 수익 창출 방법이지만, 제네릭을 만드는 후발 주자에게는 거대한 진입 장벽으로 작용한다. 그래서 오리지널 제약사와 제네릭 제약사 간에 특허 소송으로 비화하곤 한다. 이런 특허 소송은 해외뿐만 아니라 국내에서도 끊임없이 벌어지고 있는데, 문제는 소송이 진행되는 동안에는 제네릭을 만들 수 없다는 데 있다. 특허 소송이 수년 간 진행된다는 점을 고려하면, 오리지널 제약사가 특허 소송에서 패소하더라도 소송 기간에는 제네릭 진입을 막을 수 있다. 결과적으로 특허 소송 자체가 또 다른 에버그리닝 전략인 셈이다.

지금까지 살펴본 것처럼 에버그리닝 전략은 과거 글로벌 제약사들이 신약 특허권이 만료되는 시점에 맞춰, 자사의 제품을 보호하기 위해 구사했다. 하지만 최근에는 국내 제약사들도 자체적으로 신약을 개발하면서, 제네릭이 진입하지 못하도록 에버그리닝 전략을 구사하고 있다. 국내 줄기세포 전문개발 기업 SCM생명과학은 줄기세포 분리 기술에 새로운 특허를 추가해 특허권을 연장했다. 이외에도 다수의 기업이 에버그리닝 전략으로 특허권을 연장하고 있다.

과거 국내 제약사들의 오리지널 신약 시장 진입 장벽으로 작용했던 에버그리닝 전략이 현재는 국내 제약사들의 신약을 보호하는 역할을 하는 것이다. 상전벽해라고 해야 할까, 역지사지라고 해야 할까?

에버그리닝 전략을 특허권 연장으로 수익을 극대화하려는 꼼수라고 보는 시각도 있지만, 제약사가 신약개발에 나서도록 하는 당근이라고 보는 시각도 있다. 신약개발을 하려면 천문학적인 개발 비용이 들어간다. 그런데 개발사의 적절한 이익을 보전해주지 않는다면 아무도 신약개발에 나서지 않을 것이기 때문이다. 또 에버그리닝 전략으로 회수한 수익은 또 다른 신약개발 투자금으로 쓰일 수 있다. 핵심은 막무가내식의 특허권 연장은 견제해야겠지만, 신약개발 의지 자체가 꺾여서는 안 된다는 것이다.

한 가지 꼭 짚고 넘어가야 할 점은 에버그리닝 전략과 혁신적 개량기술은 명확히 구별돼야 한다는 것이다. 통상 에버그리닝 전략이 특허의 독점권을 부적절하게 확장하는 것이라면, 혁신적 개량기술은 기존에 존재하는 물질이나 기술의 발전과 관련돼 있다. 보건산업 종사자들은 혁신적 개량기술이 에버그리닝 전략과 같은 의미로 인식되는 것을 경계해야 한다고 지적한다.

흥미롭게도 에버그리닝 전략과 무관하게 미국 시장은 제네릭의 진입 자체가 어렵다. 미국은 의료보험이 한국과 달리 사보험 위주인 나라인데, 보험사들이 오리지널 신약보다 값싼 제네릭의 진입을 좋아하지 않기 때문이다. 유럽은 미국과는 정반대의 상황이다. 그래서일까? 오리지널 신약의 특허권이 만료된 후 제네릭이 출시되면 미국 시장에서는 고전을 면치 못하지만 유럽 시장에서는 선전한다.

　　2020년, 코로나19가 전 세계를 강타한 가운데 아스트라제네카와 영국 옥스퍼드대학이 공동으로 개발한 코로나19 백신은 주로 영국에서 생산했다. 하지만 백신 생산량을 늘리면서 인도의 세럼 연구소와 한국의 SK바이오사이언스 등 아시아 국가에 위탁 생산을 하고 있다.

　　백신을 생산하는 공장이 자국인 영국에 있든 인도에 있든 한국에 있든 아스트라제네카 백신이라는 점에서는 같다. 하지만 바이오 분야에서는 서로 다른 백신으로 여긴다. 세계보건기구(이하 WHO)에 올라온 보고서 〈Status of Covid-19 Vaccines within WHO EUL/PQ evaluation process〉를 살펴보면, WHO가 승인한 아스트라제네카 백신 2개(AstraZeneka, Serum Institute of India)가 등재돼 있다. 한국의 SK바이오사이언스는 2021년 말 백신 위탁 생산을 중단하면서 보고서에서 빠졌다. 즉, WHO는 아스트라제네카 백신을 생산하는 공장별로 분류해서 각각의 승인 여부를 평가한다는 얘기다.

WHO가 똑같은 아스트라제네카 백신을 생산 국가별로 차이를 두는 이유는 무엇일까? 아스트라제네카 백신은 코로나19 바이러스의 일부 유전자를 운반체인 아데노바이러스 유전자에 끼워 넣은 형태의 백신이다. 이런 백신을 바이러스 벡터^{운반체} 백신이라고 한다. 아스트라제네카 백신의 경우 코로나19 바이러스의 특정 유전자를 인간 세포의 핵 안에 집어넣기 위해 침팬지 감기 바이러스^{chimpanzee adenovirus}를 운반체로 이용한다. 이처럼 아스트라제네카 백신은 바이러스를 활용한 일종의 바이오 의약품이다. 흥미로운 점은 합성 의약품인 케미컬 의약품은 전 세계 어느 공장에서 생산해도 제품이 100퍼센트 같지만 바이오 의약품은 생산하는 공장별로 제품이 조금씩 차이가 난다는 것이다.

이런 차이는 왜 발생하는 걸까? 아스트라제네카 백신을 예로 들어보자. 아스트라제네카 백신의 최종 산물은 코로나19의 특정 유전자를 지닌 침팬지 감기 바이러스이다. 따라서 상용화를 위해선 코로나19 유전자를 가진 침팬지 감기 바이러스를 대량으로 생산해야 한다. 바이러스 생산은 숙주 세포에 바이러스를 넣어 증식해 만든다. 쉽게 말해 숙주 세포가 생산 공장인 셈이다. 그런데 바이러스 생산은 세포가 하는 일이기 때문에 인간이 통제할 수 없다. 그러므로 숙주 세포에 따라, 생산 공정에 따라 조금씩 차이가 날 수밖에 없다.

대표적인 바이오 의약품인 항체는 어떠할까? 항체는 세포가 만드는 단백질이기 때문에 항체를 대량 생산하기 위해서는 동물 세포를 이용해야 한다. 동물 세포는 유전자 정보대로 단백질을 만들 때 최종적으로 단백질에 당을 붙이는 과정을 거치는데, 이 과정을 당화glycosylation라고 한다. 인간의 몸속에서 세포가 단백질을 만들 때도 반드시 당화를 거치기 때문에 동물 세포의 당화는 매우 중요한 단계다. 왜냐하면 바이오 의약품의 성공 여부는 동물 세포로 만들어지는 항체가 인간 세포로 만들어지는 항체와 얼마나 같은지가 관건이기 때문이다. 하지만 동물 세포에서 항체를 만들 때 어떤 동물의 세포인지에 따라, 제조 방법에 따라 단백질에 붙는 당의 위치나 양이 조금씩 차이가 난다. 바이러스를 생산하는 것과 마찬가지로 항체를 만드는 것 역시 인간이 통제할 수 있는 범위가 아니다.

이런 관점에서 등장한 것이 바이오시밀러biosimilar이다. 바이오시밀러는 오리지널 바이오 의약품의 복제약을 뜻한다. 케미컬 의약품의 복제약인 제네릭은 오리지널 의약품과 100퍼센트 같지만, 바이오 의약품의 복제약인 바이오시밀러는 바이오의 특성상 오리지널 의약품과 100퍼센트 같을 수 없다. 다만 오리지널 의약품과 효능과 안정성이 같다는 생물학적 동등성을 인정받는 것이다.

합성 신약이 특허권과 독점판매권으로 일정 기간 독점권을 보호받는 것처럼 바이오 신약도 특허권과 독점판매권으로 독점권을 보장받는다. 따라서 바이오시밀러도 해당 오리지널 신약의 특허가 만료돼야 제조할 수 있다. 그런데 업계 전문가들은 오리지널 신약의 특허가 만료된다고 해도 바이오시밀러를 쉽게 만들 수 없다고 말한다. 그 이유는 대략 다음과 같다. 특허를 출원할 때는 생산에 필요한 제조 방법 전체를 기술하지 않는다. 그래서 특허가 공개되더라도 오리지널 신약의 제조법을 완전하게 알 수 있는 경우는 사실상 드물다. 이점은 합성 신약도 대동소이하지만, 인간이 합성해서 만드는 것과 세포가 스스로 단백질을 만드는 것은 다른 차원의 문제다. 이런 이유 등으로 바이오시밀러를 만들 때는 대량 생산할 세포주 개발에서부터 제조 공정 개발, 생산까지 마치 오리지널 신약을 개발하는 것과 같은 과정을 거쳐야만 한다.

항체 의약품을 예로 들면 항체인 단백질의 청사진인 DNA 염기서열, 즉 시퀀스는 특허가 풀리면 공개된다. 하지만 어떤 세포를 이용해 어떻게 만드는지는 세세하게 공개되지 않는다. 그래서 바이오시밀러 기업들은 특정 질병에 효능이 있는 단백질을 찾는 과정, 즉 신약개발 과정의 후보물질 탐색 단계만 빠졌을 뿐 신약을 만드는 것만큼 힘들다고 토로한다.

바이오 의약품은 세포가 단백질을 만들기 때문에 합성 의약품처럼 의약품에 염을 붙이는 등의 과정이 사실상 불가능하다. 이런 점에서 보면 바이오 의약품은 에버그리닝 전략이 없을 것 같지만, 실상은 그렇지 않다. 류머티즘 관절염 치료제인 휴미라를 예로 들어보자. 글로벌 제약사 에브비에서 개발한 휴미라는 류머티즘 관절염 치료제로 미국 FDA의 승인을 받았지만 이후 척추염, 크론병, 궤양성 대장염 등 적응증이 모두 7개로 늘어나면서 특허권 만료 기간이 연장됐다. 특허권은 적응증이 늘어날 때마다 발생한다. 이외에도 에

브비는 제품의 제조법과 제형 등을 바꾸는 전략으로 특허권 만료 기간을 계속 연장했다. 이러한 방법으로 휴미라는 2034년까지 특허권의 보호를 받게 됐다.

위탁 생산 업계 내에서도 특허를 둘러싼 경쟁은 치열하다. 삼성바이오로직스SBL와 스위스 LLONZA Group AZ의 특허 소송 사례를 살펴보자. 삼성바이오로직스는 바이오시밀러 기업이기도 하지만, 신약의 원료 물질을 받아 생산하는 일종의 위탁생산기업이다. 이런 위탁 생산기업을 바이오 분야에서는 CMOcontract manufacturing organization라고 한다. 삼성바이오로직스의 경우 바이오 의약품을 위탁 생산하기 위해서는 글로벌 제약사로부터 세포주를 받아야 한다. 세포주는 항체를 생산하는 세포를 일컫는데, 적절한 조건과 공간을 만들어주면 무한증식하는 특성이 있다. 세포주는 바이오 의약품, 즉 항체를 무한 생산하는 소규모 세포공장인 셈이다. 2017년 삼성바이오로직스는 CDOcontract development organization로 사업을 확장했다. CDO는 세포주를 받는 것이 아니라, 항체 단백질을 코딩하는 DNA를 받아 자체 세포주를 만들어 생산까지 하는 방식을 말한다. CMO보다 한 단계 진일보한 것이 CDO이며, CMO와 CDO를 동시에 하는 업체를 CDMO라고 한다. 그런데 해외에서 받은 DNA를 세포주에 넣기 위해서는 운반체가 필요하다. DNA가 스스로 세포 안으로 들어갈 수 없기 때문에 벡터를 운반체로 활용하는 것이다. 삼성바이오로직스는 2017년 스위스 L을 상대로 DNA 벡터에 관한 특허 무효 심판을 청구했다. 특허심판원은 스위스 L이 보유한 DNA 벡터 기술이 새롭지 않고, 기술자가 쉽게 개발할 수 있기 때문에 진보성이 없다고 판단했다. 삼성바이오로직스의 손을 들어준 것이다.

한 가지 짚고 넘어가야 할 점은 한국이 바이오시밀러 강국이라는 사실이다. 한국에는 삼성바이오로직스와 셀트리온이라는 세계적인 바이오시밀러 기업이 있다. 이들 기업이 바이오시밀러 분야에서 세계적인 수준이라는 데는 국내외적으로 이견이 없다. 또한 두 기업이 바이오시밀러 사업을 하는 이유는 각 사가 전략적으로 선택한 것이기 때문에 제3자가 왈가왈부할 일은 아니다. 다만 두 기업이 국내 바이오 분야에서 차지하는 비중을 생각했을 때, 이제는 바이오시밀러를 넘어 바이오 신약개발 기업으로 도약해야 할 때가 됐다는 것이 필자의 판단이다. 과거 국내에서 제네릭만 하던 제약사들도 어느 순간 자체 신약개발에 나섰다. 그런 점에서 바이오시밀러 기업들이 신약을 개발하는 것은 시간문제라고 본다. 셀트리온의 경우 2020년 자체적으로 코로나19 항체 신약개발에 나선 전력도 있다. 바이오시밀러를 얘기하면서, 구태여 신약개발을 언급하는 이유는 국내 1, 2위 바이오기업이 신약개발에 전면적으로 나서야만 국내 바이오 업계가 한 단계 도약할 수 있기 때문이다.

신약 재창출

2020년 세계 최초로 미국 FDA의 긴급사용 승인을 받은 코로나 19 치료제는 렘데시비르이다. 렘데시비르는 코로나19 바이러스가 유전체인 RNA를 복제할 때 이를 억제하는 방식으로 작용하는 일종의 항바이러스 치료제다. 흥미롭게도 렘데시비르는 코로나19 바이러스를 겨냥해 개발된 치료제가 아니다. 미국 바이오기업 길리어드 사이언스는 에볼라 바이러스 치료제를 개발하려고 했다. 하지만 안타깝게도 렘데시비르는 에볼라 바이러스 치료에 별 효능이 없었다.

길리어드 사이언스가 렘데시비르 개발을 포기해야 하는 절체절명의 상황에서 뜻밖의 행운이 찾아왔다. 코로나19 팬데믹으로 세상이 발칵 뒤집힌 것이다. 렘데시비르는 사스와 메르스에 효과가 있는 것으로 알려진 치료제였다. 사스와 메르스, 코로나19는 모두 코로나바이러스가 일으키는 질병이다. 코로나19 바이러스는 사스 코로나바이러스와 유전적으로 80퍼센트 가까이 일치해서 사스 코로나바이러스-2라고도 한다. 길리어드 사이언스는 꺼져가는 렘데시비르를 살릴 마지막 방법이 코로나19 바이러스 치료제 개발이라고 판단해 임상시험에 진입했다. 임상시험 결과는 국가별로 차이가 있었지만, 당시 코로나19 바이러스 치료제가 전무한 상황에서 미국 FDA는 렘데시비르의 손을 들어줬다. 다만 렘데시비르의 미온적 효과 때문에 일부 환자에 대해서만 사용하는 조건부 승인이었다.

이처럼 시장에서 판매 중이거나 임상시험 단계에서 안전성 이외의 원인으로 상업화에 실패한 약물의 새로운 적응증을 발굴, 추가하는 신약개발 방법을 신약 재창출drug repositioing이라고 한다. 신약 재창출의 대표적인 사례로는 화이자에서 개발한 비아그라를 꼽을 수 있다. 비아그라는 애초 협심증 치료를 목표로 임상시험을 진행했다. 그런데 임상시험에 참여한 사람들 가운데 일부에서 발기부전 증상이 개선되는 현상이 나타났다. 화이자는 발기부전 증상 개선에 주목했고, 결과적으로 비아그라는 발기부전 치료제의 대명사가 됐다.

바이오벤처나 제약사들이 신약 재창출 전략을 구사하는 가장 큰 이유는 개발 기간과 비용을 대폭 줄일 수 있기 때문이다. 렘데시비르나 비아그라 모두 임상시험 중에 방향을 틀었기 때문에 후보물질 탐색 단계를 생략할 수 있었다. 신약 재창출 전략의 대부분은 기존에 승인받은 약을 대상으로 다른 질병의 적응증을 찾아내는 방식이다. 기존에 승인받은 약은 이미 시판을 통해 인체 안전성이 검증됐기 때문에 안전성을 알아보는 임상 1상 단계를 생략할 수 있다. 그러니까 A라는 약의 적응증이 B라는 질병인데, A 약을 C라는 질병 치료제로 개발한다면 임상 1상을 건너뛸 수 있다는 얘기다.

신약 재창출 전략을 구사하는 또 다른 이유는 후보물질을 찾기가 매우 힘들어졌기 때문이다. 이미 시판된 약만 해도 수천 종이 넘는 상황에서 제약사가 새로운 후보물질을 발굴하는 것은 쉽지 않다. 마카오대학 교수 심중섭과 존스홉킨스 의과대학 박사 준 리우의 공저 논문 〈Recent Advances in Drug Repositioning for the Discovery of New Anticancer Drugs〉를 살펴보면, 신약개발 비용이 1975년 40억 달러에서 2009년 400억 달러로, 10배 이상 증가했다. 신약개발 기간도 1990년대 미국과 유럽에서 대략 9.7년이 걸리던 것이 2000년 이후 13.9년으로 늘어났다. 하지만 새롭게 후보물질을 발굴해 승인된 신약은 1976년 26개에서 2013년 27개로 대동소이했다.

신약 재창출 전략은 앞서 예로 든 것처럼 이미 승인된 약을 대상으로 새로운 적응증을 찾는 방법과 컴퓨터 시뮬레이션을 통해 찾는 방법이 있다. 특히 후자는 컴퓨터 인공지능을 이용해 신약 재창출 전략을 구사하는데, 실제로 아톰와이즈라는 인공지능 기업은 인공지능 기술을 이용해 시판 중인 7,000여 개의 약 가운데 에볼라 후보물질과 다발성경화증 후보물질을 하루 만에 찾아내기도 했다. 최근엔 국내에서도 인공지능을 이용해 신약을 발굴하려는 움직임이 두드러지고 있다. 기존 바이오기업이나 제약사들이 인공지능 기업과 손잡고 신약개발에 나섰다는 뉴스를 심심치 않게 볼 수 있다. 하지만 인공지능의 눈부신 활약에도 불구하고 인공지능이 발굴한 후보물질이 실제 미국 FDA 사용 승인으로 이어진 사례는 아직 없다.

신약 재창출이 신약개발의 새로운 전략으로 세계적인 주목을 받고 있지만 그 전망이 장밋빛이라고만 볼 수는 없다. 왜냐하면 신약 재창출 전략이 지닌 태생적 한계 때문이다. 다시 렘데시비르의 사례를 살펴보자. 렘데시비르는 세계 최초의 코로나19 치료제로 승인을 받았다. 하지만 결과적으로 코로나19 치료에 큰 효과가 없는 것으로 드러났다. 여러 이유가 있겠지만, 한 가지 분명한 것은 렘데시비르 자체가 처음부터 코로나19 바이러스를 겨냥해 개발된 약이 아니라는 사실이다. 에볼라와 코로나19 모두 RNA 바이러스이지만, 두 바이러스는 엄연히 다른 바이러스이다. 렘데시비르는 애초 에볼라 바이러스의 복제를 억제하는 방식으로 개발된 신약이기 때문에 코로나19 바이러스의 치료 효과가 떨어질 것은 어느 정도 예견됐으며, 이내 현실로 나타났다. 이런 이유 때문에 기존 약에서 새로운 적응증을 찾아내는 것을 일종의 도박으로 보는 시각도 있다.

한국 정부는 코로나19 발생 초기에 치료제 개발을 위한 신약 재창출 전략에 집중했지만, 결과는 썩 좋지 못했다. 여러 이유가 있었겠지만, 렘데시비르 신약 재창출의 영향이 가장 컸을 것이다. 한국 정부는 과학 분야 정부 출연연구기관 등을 통해 신약 재창출 후보물질 2개를 발굴했고, 이를 대대적으로 홍보했다. 하반기에는 후보물질을 이전받은 국내 제약사들이 임상시험에 진입했고, 국민은 치료제 개발 성공의 기대감에 부풀었다. 하지만 결과는 참혹했다. 국내 제약사들이 임상시험을 시작할 무렵은 이미 미국에서 렘데시비르의 코로나19 치료 효과가 크지 않다는 것이 입증됐던 때이기도 하다. 바이오에 관한 기본적인 지식이 있는 사람이라면, 국내에서 진행 중인 신약 재창출 방식의 코로나19 치료제 역시 큰 효과가 없을 거라는 예상을 할 수 있었다. 이런 상황에서 신약 재창출 전략을 고집하며 코로나19 치료제를 계속 개발하는 것이 과연 옳은 판단이었는지는 팬데믹이 종식된 이후 진지하게 따져볼 일이다.

버추얼 바이오테크

트레버 바글린은 평소 혈액 응고blood coagulation에 관심이 많았다. 그는 2000년부터 동료인 짐 헌팅던과 분자 수준에서 혈액 응고를 조절하는 원리를 연구하기 시작했고, 수년간의 연구를 바탕으로 항응고 신약개발의 실마리를 찾았다. 바글린과 헌팅던이 주목한 아이디어는 혈액 응고에 관여하는 생체 효소를 억제하는 방식이 아니라, 이 효소 자체에 약간의 변형을 가하는 방식이었다. 이들은 이 신약이 개발된다면 현재 병원에서 사용하는 대다수 항응고 치료제와 견주어 충분한 경쟁력이 있을 것으로 기대했다. 이윽고 이들은 2013년 XO1이라는 회사를 창업했다.

흥미롭게도 이 회사에는 바글린과 헌팅던 외에는 직원이 단 한 명도 없었다. 바글린은 케임브리지 아덴브룩스 병원 의사, 헌팅던은 케임브리지대 교수로 일하고 있어서 바쁘기도 했고, 직원을 고용할 만큼의 돈도 없었기 때문이다. 이들은 신약개발을 대신 수행해 줄 바이오벤처를 물색하기 시작했다. 행운의 여신은 예상보다 일찍 찾아왔다. 창업 2년 뒤인 2015년, 글로벌 제약사 존슨앤존슨의 자회사인 얀센이 XO1을 인수했다. 바글린은 XO1 외에도 혈액 응고와 관련한 기업 2개를 각각 2014년과 2015년에 창업했다.

로잔나 카펠러는 항암제 등을 개발하는 기업에 근무했다. 그러나 이 기업에는 실험실이 아예 없었고, 직원도 12명밖에 없었다. 사람 손을 타는 모든 실험은 외부에 맡겼고, 직원들은 기업 운영이나 컴퓨터 분석과 관련된 일을 했다.

바글린과 카펠러의 사례는 기존의 바이오벤처와는 사뭇 다르다. 바이오 업계에서는 직원이 아예 없거나 소수 정예만 있고, 자체 연구실이 없는 바이오벤처를 버추얼 바이오테크virtual biotech라고 한다. 실험실이 없다 보니 겉보기엔 실체가 없는 것처럼 보여 버추얼가상이라고 하는 것이다.

국내에서는 버추얼 바이오테크가 NRDOno research development only로 더 많이 알려져 있다. NRDO는 말 그대로 기초 연구는 하지 않고, 개발만 한다는 뜻이다. 용어가 다소 생소한데, 국내 바이오기업 큐리언트의 사례를 중심으로 버추얼 바이오테크의 세계를 좀 더 자세히 살펴보자. 결핵 치료제를 개발하던 큐리언트는 프랑스 파스퇴르 연구소로부터 결핵 치료제 공동 개발 제의를 받았다. 파스퇴르는 연구기관이라는 특성 때문에 임상시험까지 진행하는 데 한계가 있었다. 그래서 평소 잘 알고 지내던 큐리언트에 임상시험을 대신 수행해줄 것을 요청한 것이다. 큐리언트는 결핵 신약후보물질의 특성을 자세히 알고는 있지만, 자체적으로 임상시험을 수행할 연구 인력은 없었다. 큐리언트는 미국 현지에서 임상시험이 가능한 파트너사를 찾아 임상시험 진행을 맡겼다. 대신 큐리언트는 임상시험에서부터 승인, 판매까지의 모든 과정을 책임지고 진행하기로 했다. 결핵 치료제가 최종 승인돼 매출이 발생하면 큐리언트와 파스퇴르는 계약대로 수익금을 나누게 된다. 이런 비즈니스 모델은 두 기업 모두에게 이익이다. 큐리언트는 리드 물질lead compound, 즉 후보물질을 탐색하는 데 드는 비용을 절약할 수 있다. 파스퇴르는 임상시험을 진행하는 데 드는 시간과 비용을 절약할 수 있다. 쌍방에게 손해가 나지 않는 장사인 셈이다.

전통적인 신약개발과는 달라서 조금은 생소한 버추얼 바이오테크는 왜 탄생한 걸까? 신약개발은 비용이 많이 들고 기간도 상당히 길어서 한 기업이 모든 과정을 이끌고 가기에는 위험 부담이 크기 때문이다. 초기 자금력이 부족한 신생 바이오벤처가 10~15년의 기간과 1~2조 원의 비용이 드는 신약개발의 전 과정을 감당하는 것은 힘에 부칠 수밖에 없다. 이런 위험 요소를 최소화하고 성공 확률을 높이기 위한 여러 방법 가운데 하나로 버추얼 바이오테크라는 새로운 비즈니스 모델이 등장한 것이다.

기존 바이오벤처의 시각에서 보면 버추얼 바이오테크는 후보물질 개발 기업과 임상시험 수행기관을 연결해주는 징검다리에 불과하다고 볼 수도 있다. 즉, 신약개발 과정에서 필요한 기업을 연결해주는 일종의 브로커라고 생각하는 것이다. 한편으로는 타당한 주장일 수도 있다. 그러나 한 가지 짚고 넘어가야 할 점은 버추얼 바이오테크가 신약개발 과정 단계별로 필요한 기업을 찾아 연결하고, 관리하려면 실제 연구개발을 하는 정도의 지식과 기술력을 갖추고 있어야 한다는 것이다.

바이오 업계에는 동물실험인 전임상시험과 인체 임상시험을 대행해주는 곳이 이미 존재한다. 바로 CRO contract research organization, 위탁연구기관이다. 인체 임상시험의 경우 병원과의 협력이 중요하기 때문에 신생 바이오기업이 이를 진행하는 데는 무리가 있다. 이럴 때 CRO에 전임상시험과 임상시험 대행을 위탁하는 것이다.

큰 틀에서 보면 버추얼 바이오테크를 CRO의 확장으로 볼 수 있지만, 몇 가지 중요한 차이점도 있다. CRO는 용역 수수료만 받지만, 버추얼 바이오테크는 파이프라인 개발에 따른 위험과 성과에 따른 적절한 보상을 받는다. 다시 말해, CRO는 단순히 대행 서비스를 해주는 것이지만, 버추얼 바이오테크의 경우에는 개발하는 파이프라인이 회사의 자산asset으로 잡혀, 일반 바이오벤처처럼 신약개발의 위험risk과 보상return을 모두 갖는 것이다.

회사를 버추얼 바이오테크로 운영할지, 일반 바이오기업으로 운영할지는 창업자의 경영 여건과 능력에 따라 알아서 할 문제다. 그런데 버추얼 바이오테크의 경우 비용을 최대한 줄이면서, 잘만 하면 소기의 성과를 달성할 수 있다는 점에서 바이오 업계의 비상한 관심을 끌고 있는 것도 사실이다.

그렇다면 버추얼 바이오테크에서 승자가 되기 위해서는 무엇이 필요할까? 우선 버추얼 바이오테크는 본인들이 직접 연구를 수행하는 것이 아니기 때문에 여러 연구기관과 협력할 수 있어야 한다. 프랑스 파스퇴르 연구소가 큐리언트에 결핵 치료제 공동 개발을 제안한 이유는 큐리언트가 한국 파스퇴르 연구소에서 분사한 바이오기업이기 때문이다. 큐리언트는 독일 막스 플랑크 연구소와도 전략적 제휴를 맺었다. 파스퇴르 연구소와 한 번 판로를 개척하자, 같은 유럽권인 독일 역시 큐리언트를 눈여겨보게 된 것이다. 여기에 더해 공공 연구기관은 분사하지 못하도록 하는 독일 법도 큐리언트에게는 득이 됐다. 참고로 독일 막스 플랑크 연구소는 33명의 노벨상 수상자를, 프랑스 파스퇴르 연구소는 10명의 노벨상 수상자를 배출한 유럽의 대표적인 기초 연구기관이다.

이외에도 여러 요인이 있지만, 무엇보다 중요한 것은 신약후보물질 자체에 대한 이해와 열정일 것이다. 이런 열정이 차고 넘쳐서일까? 최근 자체 신약개발에 나서는 버추얼 바이오테크가 늘고 있다.

2 장

요즘 뜨는
바이오 기술

내 몸의 건강 동반자
장내 미생물

1984년 호주의 젊은 과학자 배리 마셜은 소고기 수프를 먹고, 일주일이 지난 후 토하기 시작했다. 그가 내뿜는 숨에서는 역겨운 냄새도 나기 시작했다. 마셜이 먹은 소고기 수프에는 헬리코박터 파일로리helicobacter pylori라는 병원균이 들어 있었다.

마셜은 파일로리균이 위장에서 염증을 일으키는 시발점이라는 것을 증명하고 싶었다. 이를 위해 스스로 파일로리균이 들어 있는 소고기 수프를 먹은 것이다. 마셜은 본인의 위장 조직 생체검사를 통해 파일로리균이 장 질환을 일으킨다는 사실을 확인했다. 이로부터 21년 후 배리 마셜과 로빈 워런은 헬리코박터 파일로리균이 위염, 위궤양 등을 일으킨다는 사실을 규명한 공로를 인정받아 노벨 생리의학상을 수상했다.

APC 마이크로바이옴 아일랜드APC Microbiome Ireland 연구소의 테드

다이난과 동료 과학자들은 흥미로운 실험을 진행했다. 이들은 우울증 치료를 받고 있는 환자의 장내 미생물을 채취해 실험적으로 조작한 쥐들에게 이식했다. 실험용 쥐들은 항생제로 체내에 있는 미생물이 제거된 상태였다. 실험 결과는 어땠을까? 우울증 환자의 장내 미생물을 이식받은 쥐들은 행동에 변화를 보이기 시작했다. 쉽게 말해 쥐들이 우울증에 걸린 것처럼 행동했다는 얘기다. 다이난의 실험은 장내 미생물이 정신 질환과도 밀접한 연관이 있다는 것을 보여준다.

다이난의 실험과 비슷한 사례가 고든의 뚱뚱한 쥐 실험이다. 세인트루이스 워싱턴대학 교수 제프리 고든은 장내 미생물을 인위적으로 없앤 쥐에 뚱뚱한 사람의 대변을 이식했다. 이 역시 흥미로운 결과가 나왔는데, 뚱뚱한 사람의 대변을 이식한 쥐의 체중이 증가했다. 이와 반대로 장내 미생물을 없앤 뚱뚱한 쥐에 마른 사람의 대변을 주입했더니 체중이 감소했다. 고든의 실험에서 핵심 역할은 두말할 필요 없이 장내 미생물이다.

고든의 실험에서 확장된 개념이 건강한 사람의 대변을 환자에게 이식하는 대변 이식술faecal microbiota transplantation이다. 대변 이식술은 건강한 사람의 몸에 있는 좋은 균으로 질병을 치료하는 것이다. 한국 식품의약품안전처가 인정한 대변 이식술의 적응증에는 클로스트리디움 디피실clostridium difficile 감염증이 있다. 이 감염증은 클로스트리디움 디피실이라는 미생물이 유발하는 감염병인데, 대변 이식술을 시행하면 예후가 좋은 것으로 나타났다.

1984년 배리 마셜이 위암의 원인으로 헬리코박터 파일로리균을 지목한 이래, 장내 미생물은 단순히 질병을 일으키는 원인뿐만 아니라 인체의 대사활동과 복용하는 약의 활성까지 다양한 기능을 수행한다는 것이 속속 밝혀지고 있다. 다보스 세계경제포럼은 2014년 장내 미생물 기반의 치료제를 '세계 10대 미래 기술'로 선정했다. 빌 게이츠는 2018년 세계 최대 바이오기업 투자 설명회인 JP모건 컨퍼런스에서 장내 미생물을 가장 유망한 기술로 소개했다. 한국 식품의약품안전처는 2020년 12월 장내 미생물 치료제 제품화 지원팀을 구성하여 장내 미생물 치료제 개발을 적극 지원하기로 했다. 바야흐로 전 세계적으로 장내 미생물 전성시대가 도래한 셈이다.

　장내 미생물 치료제를 이해하기 위해서는 우선 마이크로바이옴microbiome의 개념을 알아야 한다. 마이크로바이옴은 미생물을 의미하는 마이크로바이오타microbiota와 유전체를 뜻하는 게놈genome의 합성어다. 즉, 마이크로바이옴은 장내 미생물 군집 자체 또는 장내 미생물 군집의 유전체 정보를 의미한다. 우리 몸에 존재하는 미생물은 인간 세포 수보다 대략 2배 이상 많으며, 체내 미생물의 90퍼센트 이상은 장에 존재한다. 또 체내 미생물의 유전자 수는 인간의 유전자 수보다 100배 이상 많다. 장내 미생물이 인체에 미치는 영향을 분석하기 위해서는 미생물의 어떤 유전자가 핵심 역할을 하는지, 또 인간 유전자와는 어떤 상호 관계를 맺는지 등을 파악할 필요가 있다. 이런 관점에서 장내 미생물뿐만 아니라 장내 미생물의 유전체까지 아우르는 마이크로바이옴이라는 개념이 등장했다.

　마이크로바이옴 치료제는 크게 여섯 가지로 분류할 수 있다. 첫 번째는 혼합 균주다. 혼합 균주는 말 그대로 2개 이상의 장내 미생물을 혼합한 치료제라는 뜻이다. 앞서 설명한 대변 이식을 대표적인 예로 꼽을 수 있다. 두 번째는 선택적 균주 조합이다. 장내 미생물 가운데 효능이 있는 미생물을 2개 이상 조합한 치료제다. 대변 이식을 예로 들면, 대변에서 가장 효능이 뛰어난 미생물 2개를 추려낸 것으로 볼 수 있다. 세 번째는 순수 분리 단일 균주다. 순수 분리 단일 균주는 특정 질환에 효능이 있는 미생물 1개를 콕 집어 분리해낸 치료제를 말한다. 네 번째는 유전자 변형 단일 균주다. 이 방법은 우리가 원하는 특정 기능을 유전자 변형을 통해 미생물에 부여한 것이다. 유전자를 조작한다는 점에서 안전성 문제가 있을 수 있다. 또 이 방법은 현재까지 허가 지침이 부재한 상황이다. 다섯 번째는 유효물질이다. 미생물의 특정 성분이나 분비 물질, 대사 물질을 추려내만드는 방법이다. 이 모델은 기존 신약개발과 가장 방법이 흡사하다고 볼 수 있다. 기존 신약개발에서 후보물질을 찾는 과정을 미생물이 만들어내는 물질로 대체했다고 이해하면 쉽다. 여섯 번째는 프리바이오틱스이다. 프리바이오틱스는 장내 미생물의 성장을 촉진하거나 활성화하는 식품 속 성분으로서, 식이섬유나 프락탄, 갈락탄과 같은 올리고당이 대표적이다. 프리바이오틱스를 선별적으로 섭취하는 미생물을 프로바이오틱스라고 한다.

장내 미생물을 이용한 치료제 개발은 비만이나 당뇨 같은 대사질환, 염증성 질환이나 아토피 피부염 같은 면역 질환, 치매나 우울증·자폐증 같은 정신 질환, 파킨슨병이나 호르몬 분비 이상 같은 신경계 질환 등 다양한 분야에서 이뤄지고 있다. 대사 질환이나 염증성 질환은 장내 미생물과 얼핏 관련이 있을 것도 같지만, 정신 질환이 장내 미생물과 관련 있다고 하면 의외라는 생각이 들 수 있다. 그런데 흥미롭게도 장내 미생물이 뇌세포와 정보를 주고받는다는 사실이 속속 규명되고 있다. 예를 들어 장내 미생물이 체내에서 옥시토신 분비에 영향을 미쳐 자폐증에 관여한다는 점이 새롭게 밝혀지기도 했다.

현재 전 세계적으로 5개 기업이 마이크로바이옴 치료제 임상 3상을 진행하고 있다. 면면을 살펴보면 여드름, 요로감염증, 원발성 과옥살산뇨증primary hyperoxluria, 감염성 설사증, 클로스트리디움 디피실 감염증 치료제 등이다. 국내에서도 3~4개 기업이 마이크로바이옴 글로벌 임상 1상을 추진하거나 진행하고 있다. 해외 기업은 이미 임상 3상을 진행하고 있고, 국내 기업은 임상 1상을 진행하고 있으니, 국내 기업이 해외 기업보다 다소 늦은 것은 사실이다. 그런데 이를 바꿔 말하면 국내 기업 앞에 5개 기업밖에 없다는 의미도 될 수 있다. 즉, 5개 기업 모두 미국 FDA의 승인을 받고 난 이후에 국내 기업이 승인을 받는다고 해도 마이크로바이옴 관련해서는 세계 톱10에 포진할 수 있다는 것이다. 게다가 국내에서 개발한 마이크로바이옴 치료제의 적응증이 5개 기업과 겹치지 않는다면 그 분야에서는 세계 1등도 될 수 있다. 다시 말해, 마이크로바이옴은 아직 기회의 땅이며, 블루오션이라는 얘기다.

지금까지 살펴본 대로 마이크로바이옴 치료제는 전 세계적으로 뜨거운 관심을 받고 있으며, 관련 연구도 무수히 많이 진행되고 있다. 그런데 아직 미국 FDA에서 승인한 마이크로바이옴 치료제가 없다. 왜일까?

기본적으로 장내 미생물은 우리 몸속에서 인간 세포와 수많은 정보를 교환한다. 수많은 정보를 교환한다는 의미는 서로 물질을 주고받으며 인체 대사 과정이나 면역 활동 등에 영향을 끼친다는 것이다. 그런데 이런 정보 교환에서 장내 미생물이 처해 있는 환경도 중요한 작용을 한다. 암세포가 성장하고 전이하는 데 암세포 주변의 미세 환경이 중요한 작용을 하는 것과 비슷한 원리다. 그래서 장내 미생물 연구에서 미생물이 처한 환경 연구도 중요하다. 단순히 특정 미생물을 분리하거나 미생물이 만드는 핵심 물질을 추려냈다고 해서, 우리 몸속에서 미생물이 작용하는 것과 똑같이 작용할지는 미지수다. 우리가 아직 규명하지 못했거나 또 다른 제3의 요인이 작용할 수도 있기 때문이다.

또 장내 미생물이 체내에서 복잡한 상호작용을 한다는 점에서 핵심 균주나 물질을 분리하는 것 자체가 어렵다는 주장도 있다. 그러나 장내 미생물 신약개발 기업들은 미생물이냐 분비 물질이냐를 비교하는 것보다 치료 효과를 달성하는 기준량을 비교하는 것이 더 타당하다고 주장한다. 예를 들어 치료 효과를 내는 미생물을 규명했다면 미생물이 체내에 머무는 시간, 체내에서 분비하는 물질의 양 등 미생물 각각의 특징을 바탕으로 어떤 방법이 더 효율적인지를 예측하는 게 중요하다는 것이다.

신약개발 단계에서 꼭 진행해야 하는 시험 중에 하나가 독성 시험이다. 독성 시험을 진행할 경우 대략 50~100억 원의 비용과 최소 10개월의 시간이 소요된다. 그러나 장내 미생물은 원래 인간의 몸속에서 공생하기 때문에 독성 문제가 없다는 자료를 보건 당국에 제출할 경우 독성 시험을 면제받거나 절차를 간소화할 수 있다.

장내 미생물 신약개발에 부정적인 시각은 어쩌면 우리가 아직 장내 미생물에 대해 많은 것을 알지 못하기 때문일 수 있다. 다만 장내 미생물이 전 세계적인 핫이슈로 부상하면서, 이런 분위기를 틈타 모든 질병을 장내 미생물과 연관 지으려는 몰지각함이나 마치 장내 미생물이 만병통치약인 것처럼 포장하려는 비과학적인 행태는 분명히 경계해야 할 것이다.

브레이크를 풀어라
면역항암제

교토대 명예교수인 혼조 타스쿠는 면역항암제 PD-1을 발견한 공로를 인정받아 2018년 10월 노벨 생리의학상을 수상했다. 또 이 연구를 발전시켜서 일본 제약사 오노와 함께 면역 항암제 옵디보Opdivo를 개발했다. 그런데 노벨상을 수상한 지 불과 2년 뒤인 2020년, 오노와 혼조는 2억 달러(한화 약 2,254억 6,000만 원) 소송을 하게 된다.

오노는 글로벌 제약사 브리스톨 마이어스 스퀴브Bristol Myers Squibb, BMS와 손을 잡고 옵디보 개발에 성공했고, 2014년 일본과 미국에서 전이성 흑색종metastatic melanoma 치료제로 승인을 받았다. 그런데 공교롭게도 같은 해에 또 다른 글로벌 제약사인 머크Merck가 PD-1을 이용한 면역항암제 키트루다Keytruda를 개발해 미국에서 승인을 받았다. 이에 오노와 BMS는 머크를 상대로 특허 침해 소송을 제기했고, 이 소송에서 혼조가 중요한 역할을 담당했다.

결국, 2017년 머크는 6억 2,500만 달러(한화 약 6,984억 3,000만 원)의 로열티와 키트루다의 2017~2026년 매출의 일부를 오노와 그 파트너들에게 지급하는 데 합의했다. 문제는 오노가 머크에게서 받은 합의금의 40퍼센트를 혼조에게 주기로 했는데, 주지 않았다는 점이다. 이런 이유로 혼조는 오노를 상대로 소송을 제기한 것이다. 혼조는 소송을 제기한 이유가 본인을 위한 것이 아니라 모든 학계의 과학자들을 지원하기 위한 것이며, 소송을 통해 받는 합의금은 젊은 연구자들의 연구 기금으로 사용할 수 있도록 교토대에 기부하겠다고 했다.

노벨상 수상자를 불명예스러운 특허 소송에 뛰어들게 만든 PD-1이란 무엇이며, 왜 머크는 오노와 그 파트너들에게 천문학적인 규모의 로열티를 지급하는 데 합의했을까?

2020년 전 세계를 강타한 코로나19 바이러스 감염증과 암의 차이점은 코로나19는 바이러스가 병을 일으키고 암은 우리 몸의 세포가 병을 일으킨다는 것이다. 코로나19 바이러스 감염 후 증상이 악화하면 대개 폐렴이나 패혈증 등으로 사망에 이른다. 폐렴이나 패혈증은 세균 감염에 의한 질병으로, 코로나19 바이러스가 직접적인 원인은 아니다. 종합해보면 인간을 괴롭히는 질병의 원인은 바이러스와 세균, 그리고 우리 몸속 세포인 암세포로 나눌 수 있다. 이 가운데 바이러스와 세균은 우리 몸에 침입한 외부의 적이고, 암세포는 애초에는 우리 몸을 구성하는 정상세포였다는 점에서 차별성을 띤다.

우리 몸에서 정상적으로 기능하던 세포가 유전적 요인이나 환경적 요인, 기타 요인으로 인해 끊임없이 증식하는 세포로 변한 것을 암세포라고 한다. 끊임없이 증식한다는 의미는 세포가 죽지 않고 계속해서 분열한다는 뜻이다. 1개였던 암세포가 2개가 되고, 2개였던 암세포가 4개가 된다. 즉, 2의 n제곱으로 세포가 빠르게 분열하면서 암세포의 수는 순식간에 기하급수적으로 늘어난다. 암세포가 무한증식하는 게 우리 몸에 무슨 해가 될까? 라는 의문이 들 수도 있다. 우리 몸의 모든 세포는 체내에서 영양분을 먹으며 생존한다. 암세포 역시 영양분을 먹어야 생존하는데, 암세포 숫자가 늘어날수록 암세포 주변의 정상세포가 먹을 영양분은 상대적으로 줄어든다. 결과적으로 암세포는 배가 부르지만, 암세포 주변의 정상세포는 굶어 죽는 상황에 이르게 된다. 이게 바로 암이 우리 몸을 괴롭히는 다양한 요인 가운데 첫 번째 요인이다.

이제 우리의 주요 관심사인 PD-1의 측면에서 살펴보자. 앞서 암세포는 우리 몸의 정상세포가 무한증식하는 비정상세포로 변한 것이라고 설명했다. 그런데 흥미롭게도 암세포는 원래 정상세포였다는 점에서 특이한 능력을 보유하고 있다. 우리 몸에는 바이러스나 세균이 침입했을 때 이를 외부에서 침입한 적으로 파악하고 공격하는 일종의 군대 조직이 있다. 바이오 분야에서 군대 조직은 면역계, 군인들은 통상 T-세포와 B-세포다. T-세포는 세포의 기원이 흉선thymus이라서 T-세포라고 하며, B-세포는 골수bone marrow라서 B-세포라고 한다. 체내에서 적군이 발생해도 T-세포와 B-세포가 전투에 참여하는데, 특히 암세포와의 전쟁은 T-세포의 역할이 중요하다. 즉,

T-세포가 암세포와의 전쟁에서 이기면 암을 극복하는 것이고, 반대이면 증상이 악화한다. 암세포는 비정상적으로 무한증식하는 세포가 되기 이전, 즉 정상세포였을 당시에는 아군이었기 때문에 T-세포의 공격을 막는 수단을 보유하고 있었다. 그런데 이러한 수단을 암세포로 변한 이후에도 여전히 보유하고 있다. 바로 이게 암세포 사멸을 어렵게 만드는 주요 요인으로 작용한다.

암세포가 T-세포의 공격을 막는 몇 가지 수단 가운데 하나가 PD-1programmed cell death protein-1을 이용하는 방법이다. PD-1은 T-세포 표면에 있는 단백질로, 암세포 표면에 있는 PD-L1과 결합한다. PD-L1에서 L은 리간드ligand의 약자로, PD-L1은 PD-1과 결합하는 단백질이라는 뜻이다. 암세포는 자신을 공격하려는 T-세포 표면의 PD-1에 PD-L1을 붙인다. PD-L1과 PD-1이 결합하면 T-세포의 면역기능이 억제돼 암세포를 공격하지 못하게 된다. 암세포는 이런 방식으로 T-세포의 공격을 막아 무한증식하는 전략을 구사한다. T-세포 표면의 PD-1은 T-세포가 표적을 공격할지, 말지를 결정한다는 점에서 면역관문immune checkpoint이라고 한다.

혼조 타스쿠

혼조가 연구한 면역항암제 PD-1의 아이디어는 대략 다음과 같다. 이전의 항암제는 대부분 T-세포를 어떻게 활성화하느냐에 초점을 맞추었다. 그러니까 T-세포를 좀 더 강하게 만드는 약물을 개발해 암세포를 더 세게 공격하자는 전략이다. 그러나 혼조의 생각은 달랐다. 그는 T-세포의 액셀을 밟아 활성화하는 데 관심을 두지 않고, 묶여 있는 T-세포의 브레이크를 풀어서 활성화하는 방법을 생각한 것이다. 당시 항암제 개발 추세에 비춰보면, 혼조의 아이디어는 사뭇 색다른 것이었다. 심지어 그런 전략이 항암제 개발로 이어질 수 있을까 하는 우려마저 있었다. 하지만 혼조는 자신의 아이디어를 관철했고, 그 결과가 T-세포 표면의 PD-1에 달라붙는 항체다. 이를 PD-1 억제제 또는 면역관문억제제라고 한다. PD-1 억제제, 즉 항체를 투여하면 항체는 우리 몸속에서 PD-1에 달라붙는다. 그러면 암세포의 PD-L1은 T-세포의 PD-1에 결합하고 싶어도 할 수가 없다. PD-1 억제제가 이미 PD-1에 달라붙어 있기 때문이다. 결과적으로 암세포는 T-세포의 면역기능을 차단할 수 없고, T-세포는 암세포를 공격하기 시작한다. 혼조와 오노가 개발한 PD-1 억제제가 바로 옵디보다. T-세포 표면에는 PD-1 이외에도 다양한 면역관문 역할을 하는 단백질이 있기 때문에 이들을 겨냥한 면역관문억제제 개발이 전 세계적으로 한창이다.

　　PD-1 억제제는 그 자체로는 항체이지만, 인체 T-세포를 이용해 암을 치료한다는 점에서 면역항암제라고도 한다. PD-1뿐만 아니라 통상 면역관문억제제를 모두 면역항암제라고 하지만, PD-1이 가장 유명하기 때문에 PD-1 억제제=면역항암제로 통용된다. 면역항암제가 전 세계적으로 주목받은 계기는 미국 39대 대통령 지미 카터가 2015년 면역항암제 치료를 받고 악성 흑색종 완치 판정을 받으면서부터였다. 당시 94세였던 카터는 암이 뇌와 간까지 전이된 상태였다. 하지만 치료 후 5개월 만에 기적적으로 완치 판정을 받았다. 이 때 카터가 투여를 받은 면역항암제가 머크에서 개발한 키트루다이다. 악성 흑색종 치료제로 2014년 9월 미국 FDA의 승인을 받은 키트루다는 현재 머크를 먹여 살리는 대표적인 의약품으로 폭풍 성장했다. 2020년 키트루다의 전 세계 매출은 144억 달러로, 198억 달러의 매출을 기록한 휴미라에 이어 두 번째로 많이 팔린 의약품이다. 키트루다는 흑색종, 폐암, 두경부암 등 총 17종의 암 적응증을 획득해서 면역항암제의 표준으로 자리매김했다.

옵디보는 2014년 12월 미국 FDA의 승인을 받았다. 같은 방식으로 작용하는 옵디보와 키트루다는 같은 해에 미국 FDA의 승인을 받았지만, 이후 매출에서는 키트루다가 옵디보를 크게 앞서기 시작했다. 초기에는 두 제품의 매출이 비슷했지만, 병용 요법에서 운명이 갈렸다. BMS는 또 다른 단백질인 CTLA-4를 공략하는 면역항암제 여보이Yervoy를 보유하고 있었다. BMS는 면역항암제 옵디보와 여보이를 병용 치료하는 임상시험을 진행했는데, 임상시험에서 뚜렷한 치료 증대 효과가 나타나지 않았다. 반면, 키트루다 이외에는 면역항암제가 없었던 머크는 면역항암제인 키트루다와 기존 화학항암제를 병용 치료하는 임상시험을 진행했다. 그 결과 키트루다와 화학항암제의 병용 요법이 치료 효과를 증대하는 것으로 나타났다. 이때부터 키트루다의 매출이 옵디보를 앞서기 시작했다.

그런데 왜 면역항암제와 면역항암제의 병용 요법보다 면역항암제와 화학항암제의 병용 요법이 효과가 더 클까? 아주 단순하게 설명하면 다음과 같다. 물길이 하나만 있으면 물길을 앞쪽에서 막으나 뒤쪽에서 막으나 효과는 같다. 그런데 물길이 두 군데 있어서 각각을 따로 막으면 효과가 확실하다. 비슷한 기전으로 작용하는 면역항암제와 면역항암제 병용 요법이 전자에 해당하고, 서로 다른 기전으로 작용하는 면역항암제와 화학항암제 병용 요법이 후자에 해당한다. 화학항암제를 투여하면 암세포뿐만 아니라 암세포 주변에 있는 T-세포를 억제하는 정상세포도 같이 공격한다. 그런데 시간이 지나면서 T-세포를 억제하는 세포가 빠르게 회복한다. 이럴 때 면역항암제를 투여하면 T-세포를 억제하는 세포의 회복을 더디게 만들어, 전체적으로 치료 효과를 높일 수 있다. 이런 이유 때문에 현재 면역항암제를 연구하는 그룹에서는 기존 화학항암제와의 병용 요법에 대해서도 함께 연구를 진행하고 있다.

물론 상황에 따라 면역항암제와 면역항암제 병용 요법이 더 큰 효과를 내기도 한다. 악성 흑색종의 경우 PD-1 억제제와 CTLA-4 억제제를 함께 써서 좋은 결과를 얻은 임상시험 결과가 있다. 일률적으로 어떤 조합이 더 좋다고 말하기는 어렵지만, 단독 요법보다 병용 요법이 더 좋은 결과를 얻은 사례가 많다는 점에는 변함이 없다. 이러한 병용 요법 연구를 통해 PD-1 억제제는 새로운 적응증을 계속해서 넓혀가고 있다.

바이오 분야에서 PD-1은 여전히 비상한 관심을 끌고 있으며, 현재 항암제 개발은 직간접적으로 PD-1과 관련돼 있다고 해도 과언이 아니다. CTLA-4는 미국 텍사스대학 교수인 제임스 앨리슨이 발견한 면역관문억제제다. 앨리슨은 CTLA-4를 발견한 공로를 인정받아 2018년 혼조와 공동으로 노벨 생리의학상을 수상했다.

미국 필라델피아에 사는 여섯 살 소녀 에밀리 화이트헤드는 말기 혈액암으로 2012년 시한부 선고를 받았다. 당시 에밀리의 주치의였던 펜실베이니아 의대 칼 준 박사는 에밀리의 부모에게 마지막 수단으로 임상시험 중인 신약후보물질의 투여를 권했다. 에밀리의 부모는 지푸라기라도 잡는 심정으로 의료진의 권고를 받아들였다. 신약후보물질을 투여받은 에밀리는 두 달 만에 기적적으로 완치됐고, 현재까지도 건강하게 살고 있다.

에밀리가 투여받은 신약후보물질은 CAR-T라고 불리는 치료제였다. 미국 제약사 노바티스가 개발한 CAR-T 치료제 킴리아Kymriah는 2017년 미국 FDA의 승인을 받았다. 기적의 항암제라고 불리는, 그러나 한 번 치료받는 데 드는 비용이 5억 원에 달하는 면역세포 치료제가 바로 CAR-T이다. CAR-T에서 CAR은 'Chimeric Antigen

Receptor'의 약자이며, T는 'T-cell'의 약자다. 즉, CAR-T는 CAR을 가진 T-세포라는 뜻이다. CAR은 인공적으로 만든 항원 수용체를 뜻한다. 여기서 말하는 항원 수용체는 암세포의 표면에 특이적으로 발현하는 항원과 결합하는 수용체라는 뜻이다. 일반적으로 바이오 분야에서 항원을 인식해 결합하는 단백질을 항체라고 일컫는다. 이런 측면에서 보면 CAR은 특정 암의 항원을 인식하는 인공 항체로 볼 수도 있다.

킴리아를 예로 들면 킴리아는 CD19라는 항원을 표적으로 한다. CD19는 B-세포 표면에 발현하는 단백질로, 급성 림프구성 백혈병처럼 암세포로 변한 B-세포 표면에 다량으로 존재한다. 정리하면 킴리아의 CAR은 CD19와 결합하는 인공 항체인데, CD19는 정상 B-세포뿐만 아니라 급성 림프구성 백혈병 B-세포에도 다량으로 존재한다. 그래서 CAR-T는 급성 림프구성 백혈병을 일으키는 B-세포와 쉽게 결합한다. 원래 환자 몸속에 있던 T-세포에 백혈병을 찾아 달라붙어 공격하는 미사일을 붙였는데, 그 미사일이 CAR이라는 얘기다.

CAR-T를 만들기 위해서는 기본적으로 CAR과 T-세포 2개가 필요하다. 킴리아는 환자의 몸에서 채취한 T-세포의 유전자를 조작해 CAR이 발현하도록 만든 다음 다시 환자에게 주입하는 CAR-T 치료제다. CAR-T는 살아 있는 면역세포를 이용한다는 점에서 살아 있는 약으로 불린다. 또 킴리아의 사례처럼 환자 자신의 면역세포를 이용한다는 점에서 자가면역세포 치료제로도 불린다. 2017년 킴리아가 세계 최초의 CAR-T 치료제로 미국 FDA의 승인을 받은 이후 현재까지 모두 5개의 CAR-T 치료제가 승인을 받았다.

CAR-T는 백혈병 치료에는 매우 탁월하지만, 몇 가지 한계도 있다. 우선 비용이 매우 비싸다는 것이다. 앞서 언급했듯이 1회 치료 비용이 5억 원에 달한다. CAR-T는 생명공학적으로 CAR을 가진 T-세포를 만들어 환자의 몸에 주입하면 분열해서 암세포를 공격하는 것이기 때문에 이론적으로는 한 번만 투여하면 된다. 따라서 1회 치료로 완치가 가능하다면 결코 비싸지 않다는 의견도 있다. 하지만 서민들에겐 그림에 떡일 수밖에 없다.

두 번째는 CAR을 디자인할 때 CAR이 암세포만 인식하고 정상 세포는 건드리지 않도록 만들어야 한다는 점이다. 킴리아의 경우 CD19 항원을 표적으로 삼는데, CD19 항원은 정상적인 B-세포에도 존재하기 때문에 정상세포까지 공격하는 한계가 있다.

세 번째로 암은 크게 혈액암blood cancer과 고형암solid cancer으로 나뉘는데, 지금까지 미국 FDA의 승인을 받은 모든 CAR-T 치료제가 혈액암만을 대상으로 한다는 것이다. 전 세계적으로 수많은 CAR-T 연구가 진행되고 있지만, 고형암에서 CAR-T가 효과를 냈다는 인체 임상 결과는 사실상 없는 실정이다. CAR-T가 고형암에서 고전하는 이유는 대략 다음과 같이 설명할 수 있다. 암은 암 자체도 문제지만, 암세포 주변의 종양 미세환경이 중요한 작용을 한다. 그런데 고형암의 경우 종양 미세환경이 CAR-T를 무력화시킨다. 앞서 설명한 암세포 표면의 PD-L1이 대표적이다. 이외에도 혈액암의 경우에는 CD19와 같은 뚜렷한 항원이 존재하지만 고형암에서는 뚜렷한 항원을 찾기가 어려운 것도 한 요인으로 꼽힌다.

네 번째는 CAR-T는 환자 몸에서 추출한 T-세포를 이용해 만들기 때문에 환자의 증상이 너무 심할 경우 환자에게서 T-세포를 추출하기 어려울 수도 있다. 그러면 자기 몸의 T-세포가 아닌 다른 사람의 T-세포를 이용해 치료를 받아야 한다. 즉, 자가유래 면역세포가 아닌 타가유래 면역세포 치료의 개발이 필요하다는 것이다.

이러한 CAR-T 치료제의 한계를 극복하기 위해 바이오기업들은 다양한 전략들을 구사하고 있다. 암세포의 PD-L1이 CAR-T 치료제를 무력화시키는 문제를 해결하기 위한 연구가 전 세계적으로 진행되고 있는데, 미국 바이오기업 카리부 바이오사이언스Caribou Biosience는 크리스퍼 유전자 가위를 이용해 CAR-T 세포의 DNA에서 PD-1 유전자를 제거한 CAR-T 치료제를 개발 중이다. 국내에서도 큐로셀, 유틸렉스, 바이젠셀 등의 바이오 기업이 다양한 CAR-T 치료제를 개발 중이다.

큐로셀은 shRNA 기술을 이용해 PD-1과 TIGIT 등 2개의 면역 관문을 억제하는 방식의 CAR-T 치료제를 개발 중이다. shRNA 기술은 PD-1과 TIGIT RNA에 작은 크기의 RNA를 붙여서 PD-1과 TIGIT RNA가 단백질로 번역translation하는 것을 차단한다. 단백질은 그 단백질을 암호화하는 DNA에서 출발해 중간 단계인 RNA를 거쳐 단백질로 만들어진다. 생물학에서 이런 유전물질의 흐름을 중심 원리 central dogma라고 한다.

유틸렉스는 T-세포 인게이저engager를 이용한 CAR-T 치료제를 개발 중이다. 이 기술의 핵심은 CD19(이를 항원 A라고 하자)을 표적으로 하는 CAR-T에 T-세포 인게이저를 발현하도록 만드는 것이다. T-세포 인게이저는 암세포가 발현하는 항원 A 이외의 항원 B와 결합하는 항체와 T-세포 표면의 CD3에 결합하는 항체로 구성돼 있다. 그래서 CAR-T가 T-세포 인게이저를 생산하면 기존 CAR-T는 항원 A를 표적으로 암세포를 공격하고, T-세포 인게이저는 암세포의 항원 B와 주변 T-세포 표면의 CD3 사이에 가교를 형성해 암세포를 공격하게 만든다. 정리하면 T-세포 인게이저 CAR-T는 암세포 표면의 항원 A와 B를 동시에 공략하는 셈이다.

바이젠셀은 감마델타 T-세포를 이용한 CAR-T 치료제를 개발 중이다. 우리 몸의 면역계는 체내에 존재하지 않던 다른 것이 들어오면 면역거부반응을 일으킨다. 그래서 다른 사람의 T-세포를 이용하는 CAR-T 치료제 개발이 어려웠던 것이다. 하지만 감마델타 T-세포를 이용하면 타가유래 CAR-T 치료제 개발이 가능하다. 감마델타 T-세포는 특이성이 낮다는 특징이 있는데, 흥미롭게도 면역거부반응도 낮다. 면역거부반응이 낮으면 다른 사람의 T-세포로 만든 CAR-T 치료제를 투여해도 체내에서 면역계의 공격이 이루어지지 않는다. 하지만 특이성이 낮은 감마델타 T-세포가 어떻게 우리가 표적으로 하는 암세포만을 공격하도록 만들 수 있을까? 이 문제는 보조자극분자로 해결할 수 있다. 감마델타 T-세포는 암세포와 같이 비정상적인 세포일 때 나타나는 분자 표지를 인지해 반응하므로 특이성이 정교하지는 않다. 이런 경우 감마델타 T-세포를 배양할 때 적절한 보조자극분자를 발현하는 보조자극세포feeder cell와 함께 배양하면, 보조자극세포가 만들어내는 보조자극분자에 감마델타 T-세포가 적절한 자극을 받아 표적 암세포를 인지하게 되는 원리다.

감마델타 T-세포 외에 알파베타 T-세포라는 것도 있는데, 알파베타 T-세포는 특이적으로 항원을 인식한다. 그래서 알파베타 T-세포를 이용할 때는 항원제시세포antigen presentation cell와 함께 배양한다. 그러면 항원제시세포는 우리가 목표로 하는 표적, 즉 항원을 만들어내고, 알파베타 T-세포가 이를 인식해 표적 암세포를 공격할 수 있게 된다.

본능적으로 살해한다
NK세포

2020년은 코로나19 팬데믹으로 전 세계가 고통을 겪은 해지만, 주식 시장이 이례적으로 폭등한 해기도 하다. 2020년 1월 중국 우한에서 원인 불명의 폐렴이 발생했다는 소문이 퍼지고, 미국과 유럽 등 전 세계로 원인 불명의 폐렴이 확산하면서 세계적 대유행의 우려가 커지기 시작했다. 급기야 2020년 3월 WHO가 세계적 대유행, 즉 팬데믹을 선언하기에 이르렀고, 한국을 비롯해 전 세계 주가는 곤두박질치기 시작했다. 하지만 국내의 경우 코로나19 진단키트가 전 세계에서 가장 빨리 상용화되면서, 주가 반등의 실마리를 제공했다. 이어 치료제와 백신 개발 소문이 전해지면서 주가는 폭등했다. 코스피 지수 3,000포인트라는 역사적 신고가를 눈앞에 앞두면서 한국 사회는 그야말로 주식 투자라는 광란의 도가니에 휩싸였다.

한국 사회에서 주식 투자는 전통적으로 40~50대가 주도했다.

하지만 2020년은 사뭇 달랐다. 주식 투자에 소극적이었던 20~30대가 이른바 영혼까지 끌어모아 투자한다는 '영끌'에 나서면서 코스피뿐만 아니라 코스닥 시장까지 주가 상승을 이끌었다. 상반기 코로나19 관련주로 들썩이기 시작한 주식 시장은 1년 내내 바이오 주의 전성시대였다. 신고가를 경신하는 바이오 주가 속출했으며, 새롭게 상장한 새내기 주 역시 폭등했다.

이러한 주식 투자 광풍의 끝자락인 2020년 12월 30일, 필자가 만난 한 바이오기업 CEO는 예상치 못한 속내를 털어놨다. 2020년 하반기에 상장한 이 회사는 폭등에 폭등을 거듭해 하반기를 대표하는 황제주로 군림했다. 어림잡아 상장 초기보다 10배 이상이 올랐으니 그럴 만도 했다. 하지만 그는 회사의 주가가 너무 많이 올라서 오히려 겁이 난다고, 언제 주가가 떨어질지 몰라 잠이 안 온다고 했다. '지금 맹렬히 달리는 호랑이 등에 타고 있지만, 호랑이 등에서 언제 떨어질지 모르는 일촉즉발의 위기'라는 것이다. 필자와의 인터뷰도 기사가 나가면 주가가 또 폭등할 거라는 예측 때문에 회사 내부에서는 만류했다고 한다.

그의 말을 들으면서 이러한 정직성에 기술력까지 있다면 설령 주가가 곤두박질치더라도 곧 반등할 것이라는 신뢰가 생겼다. 그리고 이 바이오기업에 더 많은 관심이 생겼다. 호랑이처럼 기세 좋게 달리고 있는 이 기업이 보유한 기술력은 무엇이며, CEO는 왜 주가 하락의 압박을 받고 있을까?

인체 면역계는 우리 몸에 침입한 바이러스나 세균, 우리 몸에

서 비정상적으로 증식하는 암세포와 싸우는 일종의 군대다. 면역계
는 크게 선천 면역계와 적응 면역계로 나뉜다. 선천 면역계는 적군
이 침입하면 가장 먼저 달려 나가 싸우는 돌격 부대고, 적응 면역계
는 돌격 부대가 전투를 치르고 나면 공격에 나서는 후발 부대인 것
이다. 돌격 부대인 선천 면역계는 적군이 침입하면 누구인지 가리지
않고 공격하는 특성이 있고, 후발 부대인 적응 면역계는 적군이 누
구인지, 어떤 무기를 갖고 싸우는지 등을 세세하게 파악해 정밀하게
공격하는 특징이 있다. 적응 면역계의 주축은 B-세포와 T-세포이고,
선천 면역계의 주축은 대식세포macrophage와 자연살해세포natural killer
cell, NK-Cell다.

앞서 얘기한 바이오기업은 자연살해세포 치료제를 개발하는
박셀바이오이다. 자연살해세포는 우리 몸에 암세포나 바이러스에
감염된 세포와 같이 이상한 세포가 발생하면 가장 먼저 달려와서 묻
지도 따지지도 않고 공격해서 청소해주는 역할을 한다. 자연살해세
포는 적응 면역세포가 공격을 시작하기 직전까지만 작용하기 때문
에 공격 시간이 상대적으로 짧다는 특징이 있다. 인간 전투에서 돌
격 부대가 기습 공격으로 짧은 시간 내에 성과를 내는 것과 비슷하
다고 볼 수 있다. 그래서 자연살해세포가 인체에서 안정적으로 작용
하면서 암세포를 공격하는 시간을 늘리는 것이 자연살해세포 치료
제 개발의 핵심 기술 가운데 하나다.

참고로 암세포를 특이적으로 인식해 강력하게 공격하는 적응
면역세포는 부작용도 강력하다는 단점이 있다. 예를 들어 T-세포가

너무 강하게 활성화되면, 암세포뿐만 아니라 정상세포까지 피해를 보는 부작용이 발생한다. T-세포가 면역물질의 일종인 사이토카인cytokine을 지나치게 많이 분비해서 정상세포까지 공격하는 부작용 현상을 사이토카인 폭풍cytokine storm이라고 한다. 미사일을 쏠 때 한꺼번에 너무 많은 미사일을 쏘면 적군 주변에 있는 아군까지 미사일 파편을 맞는 것과 유사하다고 생각하면 이해하기 쉽다.

박셀바이오는 진행성 간암 환자의 몸에서 소량의 자연살해세포를 채취한 뒤, 자연살해세포의 수를 늘리는 동시에 공격 시간을 늘리는 데 성공했다. 이를 바탕으로 진행성 간암 임상 1상에서 암세포 완전 관해complete remission라는 성과를 냈다. 완전 관해는 암세포를 완전히 없앴다는 뜻이다. 또 치료를 받은 환자의 생존 기간이 기존 화학항암제를 썼을 때보다 비교할 수 없을 정도로 늘어났다.

이러한 괄목할 만한 성과에도 불구하고 한 가지 짚고 넘어가야 할 점은 환자에게 자연살해세포를 단독으로 사용한 것이 아니라 간동맥 내 항암주입요법HAIC을 함께 사용했다는 것이다. 자연살해세포만을 사용하지 않았다는 점에서 치료 효과의 의의가 퇴색할 수도 있지만, 현재 항암 치료의 대세가 병용 요법이라는 점에서 보면 매우 주목할 만한 임상시험 결과임은 분명하다.

적응 면역계 주축의 하나인 T-세포 가운데 암세포 살상 능력이 매우 뛰어난 살해 T-세포cytotoxic T-cell가 있다. 살해 T-세포는 적군에게 포격을 날리는 일종의 탱크 부대다. 이런 이유로 과학자들은 암 환자로부터 암세포 항원을 인식할 수 있는 T-세포를 채취해서 증식한 뒤 다시 환자 몸에 넣어주는 방법을 개발했다. 이런 방식의 치료 방법을 입양 면역 치료법 또는 자가유래 면역세포 치료법이라고 한다. 환자에게서 채취한 T-세포를 다시 환자 몸에 넣는 것을 입양이라고 표현한 셈이다. 그런데 이 방법에는 몇 가지 문제점이 있다. 몸이 아픈 환자에게서는 건강한 T-세포를 얻기가 쉽지 않고, 제작 과정이 복잡하고, 약값이 비싸다는 것이다.

이러한 문제점을 해결하기 위해 과학자들이 여러 방법을 구사하고 있는데, 그 가운데 하나가 수지상 세포를 이용하는 방법이다. 돌격 부대인 선천 면역계와 후발 부대인 적응 면역계 사이에서 징검다리 역할을 하는 수지상 세포는 적군의 특성을 염탐해 적응 면역계에 전달하기 때문에 항원 제시 세포라고도 한다. 수지상 세포를 환자의 몸에서 꺼내 적군의 표지인 항원을 인식하도록 만든 다음 환자의 몸에 다시 넣어주면, 수지상 세포는 T-세포가 암 항원을 효과적으로 인식할 수 있도록 훈련(항원을 제시)한다. 이 방법은 T-세포의 수를 실험실에서 많이 불린 뒤 다시 몸에 넣는 대신 아예 훈련 교관을 우리 몸속에 넣어서 T-세포를 훈련하기 때문에 좀 더 쉽다.

그렇다면 이 방법의 실질적인 효과는 어느 정도 수준일까? 박셀바이오는 다발성 골수암 환자를 대상으로 한 임상시험에서 매우 긍정적인 결과를 얻었다. 박셀바이오는 임상 1상에서 화학항암제 사이클로포스파마이드와 수지상 세포 병용 요법을 사용했는데, 당시 사이클로포스파마이드가 보험 적용이 되는 약이었기 때문이다. 흥미로운 점은 사이클로포스파마이드보다 더 효과가 좋은 약으로 알려진 레날리도마이드가 국내에서도 최근 보험 적용을 받게 됐기 때문에 수지상 세포와 레날리도마이드 병용 요법으로 임상 2상을 진행할 계획이라는 것이다. 박셀바이오 대표는 임상 2상 결과를 낙관하고 있다. 결과는 시간이 자연스럽게 알려줄 것이다.

백신으로 암을 치료한다
항암 백신

2021년 6월 기준으로 미국 FDA의 승인을 받은 해외 백신은 화이자, 모더나, 아스트라제네카, 얀센 등 총 4건이다. 그리고 우리나라 토종 백신은 아직 임상시험을 진행하는 중이다. 개발 중인 토종 백신의 종류는 DNA 백신 2건, 단백질 백신 2건, 그리고 아데노바이러스 벡터 백신 1건 등 총 5건이다.

DNA 백신 2건 가운데 하나를 개발하고 있는 기업과 아데노바이러스 벡터 백신을 개발하고 있는 기업은 공통점이 있다. 두 기업 모두 코로나19 백신을 개발하기 이전부터 자궁경부암 백신을 개발하고 있었다는 점이다. 물론 두 기업이 개발하는 자궁경부암 백신의 작용 기전은 서로 다르다. 한 기업은 DNA를 직접 우리 몸에 전달하는 방식의 백신을, 또 다른 기업은 아데노바이러스를 전달체, 즉 벡터로 활용한 백신을 개발 중이라는 것이다. DNA를 인간 세포에 넣는다는 점에서는 같지만, 방법 면에서는 서로 다른 기술을 활용하고 있는 셈이다. 더욱 흥미로운 점은 두 기업 모두 예방 목적이 아닌 치료 목적의 자궁경부암 백신을 개발하고 있다는 것이다.

2020년 코로나19가 전 세계를 강타하면서, 이제는 일반인도 백신이 무엇인지는 어느 정도 알게 됐다. 현재 전 세계적으로 개발이 한창 진행 중인 코로나19 백신은 바이러스 감염을 예방하는 데 그 목적이 있다. 미리 백신을 접종해서 코로나19 바이러스에 감염되는 것을 막는 것이다. 그런데 두 기업이 개발 중인 자궁경부암 백신은 자궁경부암을 치료하기 위한 목적으로 접종을 한다. 이쯤 되면 헷갈리는 독자들도 있을 것이다. 백신은 예방을 목적으로 접종하는 것인 줄 알았는데, 치료 목적의 백신이 있다니 말이다. 이제부터는 백신의 또 다른 얼굴인 치료 목적의 백신에 대해 살펴보도록 하겠다.

바이러스는 유전자와 유전자를 감싸는 껍데기인 외투coat 단백질로 구성돼 있다. 바이러스는 구성이 워낙 단순해 스스로 복제할 능력이 없다. 그래서 바이러스가 생존하기 위해서는 반드시 기생할 숙주세포가 필요하다. 여기서 바이러스가 생존한다는 말의 의미는 바이러스가 숙주세포에 들어가 세포 안에서 유전자를 복제해 자신의 수를 늘린다는 것이다. 바이러스는 세포 안에서 증식한 뒤 세포를 깨고 나와 이웃 세포에 침입하는 과정을 무한 반복한다. 우리가 바이러스에 감염되면 몸이 아픈 이유는 우리 몸에 침입한 바이러스가 정상적으로 일을 해야 할 세포들을 파괴해 없애버리기 때문이다.

우리 몸이 자동차를 만드는 공장이고, 각각의 세포는 엔진, 브레이크, 타이어 등을 만드는 작은 공장이라고 가정해보자. 그런데 어느 날 갑자기 바이러스라는 외부 침입자가 들어와 엔진 공장에 불을 지르고 브레이크 공장을 파괴하면, 자동차 공장이 제대로 돌아가지 못할 것이다.

바이러스에게는 두 가지 중요한 임무가 있다. 첫째, 공장에 원활하게 침입하는 것이다. 둘째, 공장을 효과적으로 파괴하는 것이다. 그런데 흥미롭게도 바이러스는 이 두 가지 임무를 매우 효율적으로 수행한다. 바이러스의 이러한 특징을 치료에 응용해보면 어떨까 하는 아이디어에서 출발한 것이 항암 바이러스 치료제다. 즉, 바이러스가 우리 몸의 정상세포가 아닌 암세포에만 침입해서 암세포를 파괴할 수 있다면, 치료제로 이용할 수 있을 거라고 생각한 것이다.

이러한 아이디어는 2015년 현실이 됐다. 미국 바이오기업 암젠Amgen이 개발한 흑색종 항암 바이러스 치료제 임리직Imlygic이 미국 FDA의 승인을 받은 것이다. 다른 국가에서 승인을 받은 항암 바이러스 치료제는 있었지만, 미국 FDA의 정식 승인을 받은 항암 바이러스 치료제는 임리직이 최초다. 미국 FDA의 승인을 받아야 전 세계적으로 통용된다는 제약·바이오 업계의 암묵적인 동의를 고려하면, 사실상 임리직이 세계 최초의 항암 바이러스 치료제인 셈이다.

임리직의 작용 기전은 치료용 바이러스가 암세포에 침입해 암세포를 파괴하고 나오는 것이다. 바이러스로 암세포를 파괴한다는 의미에서 항암 바이러스 치료제를 암세포 살상 바이러스_{oncolytic virus}라고도 한다. 임리직은 유전자를 조작한 헤르페스 바이러스_{herpes virus}를 이용한다. 헤르페스 바이러스에서 두 가지 유전자를 제거해 치료용으로 투입한 헤르페스 바이러스가 인간 세포와 면역계로부터 공격받는 것을 원천적으로 차단했다는 얘기다.

임리직은 주사기로 표적 암세포에 직접 투여한다. 임리직을 암세포에 직접 투여해야 하는 이유는 헤르페스 바이러스 자체가 암세포만 선택적으로 침입하는 것이 아니기 때문이다. 이 방법은 암세포에 치료 약물을 직접 전달한다는 장점이 있지만, 전이암의 경우에는 적응하기가 쉽지 않다는 단점도 있다.

전이암의 경우에는 전신으로 암이 퍼지기 때문에 특정 부위에만 치료제를 투여하는 방식이 쉽지 않다. 그래서 전 세계적으로 항암 바이러스를 전신 투여하는 연구가 진행되고 있다. 전신 투여란 암세포에 직접 주입하는 것이 아니라, 일반 주사와 같이 투여하면 항암 바이러스가 암세포를 찾아가 파괴하도록 만든다는 것이다. 그렇다면 어떻게 이런 일이 가능할까? 항암 바이러스에 일종의 레이더를 장착하는 것이다. 레이더인 나노 물질에는 암세포 표면의 특정 단백질(항원)과 결합하는 물질이 달려 있다. 레이더를 장착한 항암 바이러스를 전신 투여하면 우리 몸을 돌아다니다 암세포를 만나고, 나노 물질이 암세포의 항원과 결합한다. 이후 바이러스가 암세포에 침입해 세포를 파괴한다.

여기서 한 가지 의문이 든다. 혹시라도 바이러스가 암세포가 아닌 정상세포에 침입해 세포를 파괴하면 어떡할까? 이런 우려를 해소하기 위해 바이러스가 암세포에서만 증식하도록 유전자를 조작하는 또 다른 안전장치를 마련한다. 방법은 다소 복잡한데 간략하게 설명하면 다음과 같다. 바이러스 생존에 필수적인 유전자가 암세포에서만 발현하도록 만드는 것이다. 생명체가 유전자를 발현하기 위해서는 프로모터promotor가 중요하다. 프로모터는 DNA 상의 특정 부위로, 일종의 시작점과 같은 역할을 한다. 세포 안에서 RNA를 합성하는 단백질인 RNA 중합 효소polymerase는 프로모터를 RNA 합성의 시작점으로 인지하고 RNA를 만들기 시작한다. 프로모터가 시작점이라면 터미네이터terminator는 끝점의 역할을 한다. 터미네이터 역시 DNA 상의 특정 부위다. RNA 중합 효소는 프로모터와 터미네이터 사이에 있는 DNA의 유전정보를 RNA로 바꾼다. 둘 중 하나라도 없으면 RNA 합성은 이뤄지지 않는다. 그러므로 바이러스 생존의 핵심인 유전자의 프로모터를 조작해 암세포에서만 프로모터가 작동하도록 만들면 된다. 좀 더 쉽게 설명하면 바이러스를 증식하는 스위치가 있는데, 이 스위치가 암세포에서는 켜지고, 정상세포에서는 꺼지도록 만든다는 것이다.

이외에도 항암 바이러스의 암 살상 능력을 극대화하는 여러 방법이 연구되고 있다. 그 가운데 한 가지는 콜드 튜머cold tumor를 핫 튜머hot tumor로 바꾸는 방법이다. 콜드 튜머는 우리말로 '차가운 암 환경'이라는 뜻으로, 암세포 주변의 면역계가 거의 활동하지 않아 차가운 상태를 말한다. 대개 암에 걸린 사람의 경우 인체 면역계의 활성이 떨어진 콜드 튜머 상태다. 반대로 핫 튜머는 '뜨거운 암 환경'이라는 뜻으로, 암세포 주변의 면역계가 매우 강하게 활동하는 것을 말한다. 그렇다면 어떻게 콜드 튜머를 핫 튜머로 바꿀 수 있을까? 항암 바이러스가 면역물질인 사이토카인cytokine을 분비하도록 유전자를 조작한다. 그러면 항암 바이러스는 콜드 튜머 상황에서 사이토카인을 분비한다. 분비된 사이토카인이 주변 면역세포를 일깨워 활성화하고, 면역세포를 암세포 주변으로 끌어모은다. 결과적으로 항암 바이러스 자체가 암세포를 공격하고 인체 면역세포가 핫 튜머 상황에서 암세포를 공격한다. 원투 펀치를 날리는 셈이다.

앞서 설명한 면역관문억제제의 경우는 암 환자에 따라서 효과가 아예 없을 수도 있다. 환자의 암 환경이 콜드 튜머이기 때문이다. 면역관문억제제는 T-세포의 브레이크를 풀어 암세포를 공격하는 원리인데, 주변에 T-세포가 거의 없다면 효과가 있을 리 만무하다. 그래서 면역관문억제제와 항암 바이러스를 같이 투여하는 병용 요법이 주목받고 있는 것이다. 여러 임상시험에서도 면역관문억제제와 항암 바이러스 병용 치료가 단독 치료보다 효과가 더 큰 것으로 보고되고 있다.

항암 바이러스는 바이러스를 치료제로 이용한다는 점에서 매력적이다. 하지만 한 가지 아쉬운 점은 2015년 미국 FDA 승인 이후 아직 두 번째 치료제가 나오지 않았다는 점이다. 국내에서도 임리직이 미국 FDA 승인을 받기 이전에는 항암 바이러스 자체에 대한 인식이 부족해서 항암 바이러스를 개발하는 기업들이 고생을 많이 했다고 한다. 하지만 승인 이후에는 인식이 바뀌어 연구 환경이 많이 개선됐다고 한다. 지금은 웃으면서 말하지만, 사실은 웃픈 사연이 아닐 수 없다. 미국 FDA가 승인을 해준 기술이어야 국내에서 비로소 관심을 갖는 이런 상황은 왜 국내에서는 혁신 신약개발이 힘든지를 잘 보여준다.

나는 양손잡이
이중항체

2020년 10월의 어느 날, 평소 알고 지내던 바이오기업 CEO를 만났다. 이런 저런 대화를 나누다가 현재 뜨고 있는 바이오 분야로 주제가 압축됐다. 필자는 그가 운영하는 기업이 개발하고 있는 데다 전 세계적으로 핫 이슈인 세포 치료제가 대화의 주를 이룰 거라고 생각했지만, 예상은 보기 좋게 빗나갔다. 그는 면역세포 치료제와 줄기세포 치료제 등 세포 치료제가 핫 이슈인 것은 맞지만, 이에 못지않게 뜨고 있는 것이 이중항체와 항체약물접합체antibody–drug conjugate, ADC라고 했다. 항체가 무엇인지는 알겠는데, 이중항체는 무엇일까? 그리고 이름도 낯선 항체약물접합체는 또 어떤 기술을 말하는 걸까? 이런 의문이 꼬리에 꼬리를 물면서, 필자의 취재 본능을 자극하기 시작했다.

이중항체를 구체적으로 살펴보기에 앞서, 항체가 무엇인지부

항체

터 간략히 알아보자. 독일 과학자 파울 에를리히는 바이오 분야에서 두 가지 업적을 남겼다. 하나는 마법의 탄환 개념magic bullet concept이고, 나머지 하나는 사이드 체인 이론side chain theory이다.

마법의 탄환은 인체에는 해를 끼치지 않고 병원균만 선택적으로 죽이는 일종의 마법의 탄환과 같은 역할을 하는 물질이 존재할 것이라는 개념이다. 에를리히는 혈액 내에 존재하는 특정 물질인 항체가 인체에는 해를 끼치지 않고 병원균을 죽인다는 점을 알고 있었다. 그래서 항체를 총에서 발사돼 병원균을 죽이는 총알에 빗대 마법의 탄환이라고 가정했다. 그런데 에를리히는 후속 연구에서 항체가 때때로 병원균을 죽이는 데 실패한다는 점을 발견했고, 항체가 마법의 탄환이라는 개념을 폐기했다. 마법의 탄환은 항체가 아닌 비소 화합물에서 처음으로 발견됐다. 에를리히는 독성 염료 분자들을 대상으로 매독 치료제를 연구하기 시작했다. 에를리히는 제자 사하치로 하타와 함께 비소As를 포함하는 화합물 아스페나민Asphenamine을 발견했다. 아스페나민의 '아스'는 비소에서 따온 것이다. 그리고 마침내 세계 최초의 매독치료제 살바르산 개발에 성공했다. 살바르산은 이후 좀 더 개선한 네오살바르산Neosalvarsan으로 개발돼 시판

됐다.

살바르산 발견 이후 에를리히는 마법의 탄환 개념을 사이드 체인 이론으로 확장했다. 사이드 체인 이론은 항체가 사이드 체인이라는 독특한 구조를 통해 병원균인 항원과 결합한다는 것이다. 그는 비소 화합물인 살바르산도 병원균을 죽이기 위해서는 항체와 똑같이 사이드 체인을 만든다고 가정했다. 사이드 체인을 좀 더 구체적으로 설명하면 다음과 같다. 혈액 세포 가운데 하나인 백혈구 표면에는 수많은 사이드 체인이 존재한다. 특정 병원균이 침입하면 병원균과 결합하는 특이적인 사이드 체인이 백혈구 표면에서 떨어져 나와 병원균과 결합한다. 이렇게 떨어져 나온 사이드 체인이 바로 항체다. 에를리히는 항원-항체 결합을 자물쇠와 열쇠에 빗대어 설명했다. 즉, 자물쇠를 열쇠로 여는 것처럼 항원-항체 결합은 구조적으로 딱 맞아야 가능하다는 설명이다. 에를리히의 사이드 체인 이론은 현대 면역학의 근간을 정립했고, 에를리히와 메치니코프는 면역학 연구의 공로를 인정받아 1908년 노벨 생리의학상을 공동으로 수상했다.

에를리히의 사이드 체인 이론의 핵심은 항체가 사이드 체인을 통해 항원과 결합한다는 것이다. 항체 구조는 단순하게 표현하면 Y 자 모양으로 생겼다. 사이드 체인은 Y자 모양의 윗부분인 V자 모양에 해당한다. 항체는 항원에 따라 각기 다른 V자 모양을 가지며, V 자 모양이 항원의 특정 부위에 딱 맞아떨어져 항체와 항원이 결합한다. 항체가 결합하는 항원의 특정 부위를 에피토프epitope라고 한다.

또 항체의 V자 모양과 항원의 에피토프가 결합하는 것이 마치 자물쇠와 열쇠가 결합하는 것과 비슷해서 항원-항체 결합을 통상 자물쇠-열쇠 결합이라고도 표현한다. 항체에 따라 형태가 다른 V자 모양을 변화 부위variable fragment라고 하고, 항체마다 똑같은 형태를 이루는 V자 밑의 I자 모양을 고정 부위constant fragment라고 한다.

이중항체는 기존의 Y자 형태의 항체에서 I자 밑부분에 또 다른 V를 거꾸로 결합해 만든 형태다. 고정 부위인 I자를 기준으로 위와 아래에 서로 다른 변화 부위를 달아, 1개의 항체로 2개의 항원을 공략하는 것이 이중항체의 개념이다. 즉, 이중항체는 2개의 변화 부위로 각각 2개의 에피토프를 공략하는 것이다. 독자들의 이해를 돕기 위해 가장 대표적인 이중항체의 형태를 설명했지만 현재 상용화된 이중항체는 20개 이상의 다양한 형태를 띠고 있다.

이제부터는 이중항체를 이용해 어떤 일을 할 수 있는지부터 살펴보겠다. 이중항체는 기본적으로 서로 다른 항원에 결합하는 항체를 하나의 몸으로 만든 것이다. 여기서 말하는 항원이란 대개 암세포나 병원균에 감염된 세포의 표면에 있는 특정 단백질을 의미한다. 그래서 이중항체의 대부분은 세포 표면의 특정 항원에 달라붙어 이들의 기능을 억제한다. 예를 들면 암세포는 정상세포보다 훨씬 빠른 속도로 증식하기 때문에 비정상적으로 신생혈관을 만들어 영양분을 공급받는다. 따라서 암세포의 신생혈관 생성을 억제하면 항암 효과를 기대할 수 있다. 이런 경우 다음과 같은 이중항체의 디자인이 가능하다. 신생혈관 생성에 관여하는 2개의 항원에 결합하는 이중항체를 만드는 것이다.

다음과 같은 상황을 가정해보자. 이중항체의 위쪽 부분은 췌장암에서만 발현하는 항원에 결합하도록 하고, 아래쪽 부분은 면역세포인 T-세포에 결합하도록 만든다. 그러면 T-세포가 췌장암 세포만 공격하도록 만들 수 있다. 면역관문억제제도 이중항체를 이용할 수 있다. T-세포 표면에 존재하는 서로 다른 2개의 면역관문 단백질에 결합하는 항체로 이중항체를 만들면, 이중항체 하나로 면역관문억제제 2개를 동시에 공략하는 것과 같은 효과를 볼 수 있다. 물론 서로 다른 면역관문억제제 2개를 병용 치료하는 것과 면역관문억제제

이중항체

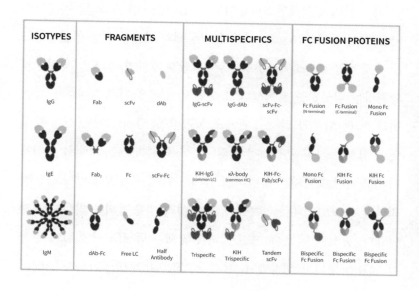

2개를 동시에 공략하는 이중항체 가운데 어느 것이 더 효과가 좋은 지를 일반화해서 말하기는 어렵다. 병의 증상에 따라, 병의 종류에 따라, 환자의 상태에 따라 치료 효과가 제각각이기 때문이다. 상용화된 이중항체의 형태가 20개 이상으로 다양한 것도 병의 증상이나 종류, 환자의 상태, 사용 목적에 따라 최적의 치료 효과를 낼 수 있는 이중항체의 형태가 달라지기 때문이다. 쉽게 말해 이중항체를 연구개발하는 바이오기업들은 각자의 파이프라인에 최적화한 형태의 이중항체를 개발한다는 얘기다.

ADC(항체약물접합체)는 이중항체와 비슷한 것 같지만, 구체적으로 들여다보면 전혀 다른 기술이다. 이중항체의 기본 원리가 세포 표면에서 항원을 억제하는 것이라면, ADC는 직접 세포 안으로 폭탄을 끌고 들어가 터트린다는 중요한 차이점이 있다. 폭탄의 역할을 하는 것이 항암제인 'Drug'이고, 항암제를 세포 안으로 끌고 들어가는 것이 항체인 'Antibody'이며, 항암제와 항체를 서로 연결해주는 것이 링커인 'Conjugate'이다. 조금 더 쉽게 말하면, ADC는 항암제에 항체라는 미사일을 달아서 세포 안으로 뚫고 들어가 폭파하는 방식이다. 일단 ADC가 암세포 안으로 들어가면, 암세포 안은 산성 환경인데 링커는 산성 환경에서 잘려나가도록 설계한다. 그래서 링커에서 잘려나간 항암제가 폭탄처럼 암세포 안에서 폭발해 암세포를 파괴한다. ADC 1세대는 항체에 항암제 여러 개를 붙이는 방식으로 개발됐다. 당시엔 한 번에 여러 개의 항암제를 암세포 안에 밀어 넣어야 효과가 좋다고 생각했다. 하지만 실제 임상시험을 해보니 꼭 그

ADC

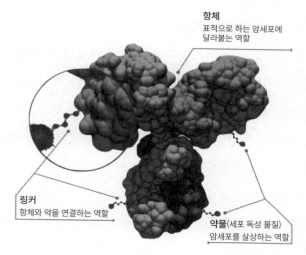

항체
표적으로 하는 암세포에
달라붙는 역할

링커
항체와 약을 연결하는 역할

약물(세포 독성 물질)
암세포를 살상하는 역할

렇지만은 않다는 사실을 알게 됐다. 그래서 ADC 2세대는 꼭 필요한 2개 정도의 항암제만 항체에 연결하는 방식으로 진화했다. 2세대는 1세대보다 효과가 좋았지만, 과학자들의 기대를 100퍼센트 충족시키지는 못했다. 그래서 3세대 ADC는 암세포 안에서 적당한 효과를 내면서 부작용은 최소화하는 방식으로 진화했다.

그렇다면 효능은 좋으면서 부작용을 최소화하는 ADC는 어떻게 만들 수 있을까? 업계 관계자들은 바로 이 지점에서 ADC가 과학을 넘어 예술의 경지에 도달했다고 설명한다. ADC는 항체와 링커, 항암제로 구성돼 있다. 최대의 효과와 최소의 부작용을 동시에 얻기 위해서는 이 세 가지의 구성이 최적화를 이뤄야 한다. 즉, 어떤 항체를 만드느냐, 어떤 항암제를 쓰느냐, 링커는 어떤 식으로 만드느냐에 따라서 임상시험 결과가 천차만별이라는 얘기다.

과거에는 좋은 링커 기술만 가지고 있어도 ADC 기업이라고 말할 수 있었다. 그러나 이제는 그런 시절이 지났다. 항체와 링커, 항암제 모두를 고려해 최상의 조합을 이뤄내야만 비로소 경쟁력을 띨 수 있다. 미국의 한 기업의 경우 처음엔 링커를 잘 만드는 ADC 기업으로 출발했다. 그런데 기업을 운영하다 보니, 링커뿐만 아니라 항체와 항암제도 중요하다는 사실을 알게 됐다. 현재 이 회사는 항암제를 개발하는 기업으로 탈바꿈했다. 자신들이 보유한 링커에 최적화한 항암제를 직접 개발하겠다고 나선 것이다. 물론 이 사례는 미국에서 아주 잘 나가는 바이오기업이니 가능한 일이다.

ADC와 관련해 한 가지 더 짚고 싶은 점이 있는데, 바로 특허 관련 이슈이다. 대표적인 유방암 치료제 허셉틴Herceptin을 개발한 제약사 로슈는 허셉틴에 세포 독성 물질cytotoxic agent DM1을 링커로 붙여 만든 ADC 치료제 캐사일라Kadcyla를 개발했다. 허셉틴은 암세포의 HER2 수용체에 달라붙어 암세포의 성장을 억제한다. 캐사일라는 허셉틴의 작용에 더해 세포 독성 물질 DM1이 암세포 안으로 들어가 암세포를 파괴하는 기능을 수행한다. 로슈가 캐사일라를 만든 이유는 허셉틴의 치료 효과를 높이기 위해서였다. 그런데 한 가지 더 중요한 이유가 있었다. 오리지널 신약인 허셉틴의 특허 만료를 앞두고 캐사일라를 만들어 특허를 연장하는 일종의 에버그리닝 전략을 구사한 것이다. 이처럼 ADC는 종종 에버그리닝 전략의 중요한 도구로도 활용된다.

ADC를 개발할 때 특허권에 저촉되지 않으려면 특허가 만료된 항체와 링커, 항암제로 개발하거나 새로 개발해야 한다. 그러지 않으면 너무나도 당연하겠지만, 원개발사에 로열티를 내야 한다. 이 점만 고려해도 ADC 개발이 얼마나 어렵고 까다로울지 짐작하고도 남는다. 그래서일까? 전 세계적으로 미국 FDA의 승인을 받은 ADC 치료제는 4종에 불과하다. 캐사일라의 성공은 전 세계적으로 ADC를 새롭게 조명하는 계기가 됐으며, 한국에서도 ADC 연구 개발이 활발하게 진행되고 있다. ADC는 이중항체와 더불어 항체 분야에서 새로운 강자로 자리매김하는 분위기다.

암세포까지 안전하게 전달하라
방사성 동위원소 치료제

암을 치료하는 전통적인 방법에는 화학적 항암 치료chemo-therapy
와 방사선 치료radiation therapy가 있다. 화학적 항암 치료는 1세대 항암
제로 불리는 합성 화합물을 이용한다. 방사선 치료는 방사선 장비를
이용해 암 부위에 방사선을 직접 조사해 치료한다. 그러나 화학적
항암 치료와 방사선 치료 모두 암세포와 정상세포를 가리지 않고 공
격하기 때문에 여러 가지 부작용이 나타난다. 영화나 드라마에서 항
암 치료를 받은 환자가 모자를 쓰고 나오는 장면이 많은데, 화학적
항암 치료나 방사선 치료에 따른 탈모 때문이다.

방사성 동위원소 치료는 방사선 치료와 비슷한 개념으로, 방사
성 동위원소가 암세포에 방사선을 내뿜어 암세포를 공격한다. 주로
갑상선암 치료에 사용하는데, 환자가 방사성 동위원소인 요오드를
복용하면, 동위원소가 갑상선에 머물며 암세포를 파괴한다. 방사성

동위원소 치료는 방사선 치료와 달리 별도의 장비가 필요 없고, 간편하게 복용할 수 있어 환자의 편의를 높였다는 장점이 있다. 하지만 현재까지 갑상선암 치료에만 적용되는 한계도 있다. 방사성 동위원소 치료가 갑상선암에 제한되는 이유는 방사성 동위원소를 인체의 다른 부위로 전달하는 게 쉽지 않기 때문이다.

방사성 동위원소를 전립선에 전달한다고 가정해보자. 방사성 동위원소를 복용한다고 해서 전립선까지 전달되지는 않는다. 즉, 전립선까지 전달하는 일종의 약물 전달체가 필요하다. 약물 전달체를 링커linker라고 한다면 링커의 뒷부분에는 방사성 동위원소를 붙이고, 앞부분에는 우리가 목표로 하는 암세포만 표적으로 결합하는 항체나 저분자 화합물을 붙여야 한다. 이는 개념적으로 ADC와 비슷하다. ADC는 링커의 한 곳엔 기존의 합성화학 항암제를 붙이고, 또 다른 한 곳엔 목표로 하는 암세포와 특이적으로 결합하는 항체를 붙인다. 차이점은 합성화학 항암제 대신 동위원소를 붙인다는 것이다. 암세포는 표면에 특히 많이 발현되는 저마다의 수용체receptor를 가진다. 항체나 저분자 물질은 이 수용체와 결합하는 물질을 이용한다. 그러면 항체가 정상세포에는 없고 암세포에만 있는 수용체와 결합하기 때문에 항암물질이 정상세포는 건드리지 않고 암세포만 공격하는 원리다. 방사성 동위원소 치료의 경우 링커에 항체를 붙이면, 통상 RITradio immnuno therapy라고 한다. 항체 대신 저분자 물질을 이용하기도 하는데, 이런 경우엔 RLTradio ligand therapy라고 한다. 바이오 분야에서 리간드는 수용체와 결합하는 특정 물질을 말한다.

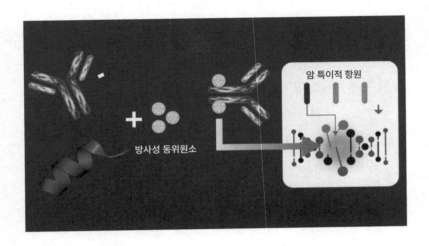

RIT와 RLT는 사실상 같은 치료 방법이기 때문에 RIT를 중심으로 살펴보겠다. RIT는 개념적으로 뛰어난 치료 방법이지만, 최근까지 상용화되지는 못했다. 체내 효소나 면역세포의 일종인 매크로파지가 RIT의 링커 부위를 끊어서 방사성 동위원소가 목표 부위까지 제대로 전달되지 못하는 문제점이 있었기 때문이다. 사실 이 문제는 ADC에도 똑같이 적용된다. 한 가지 흥미로운 점은 ADC와 RIT의 링커 끊어짐에는 미묘한 차이가 있다는 것이다. ADC는 합성 화합물과 링커를 공유 결합covalent bond 방법으로 연결을 한다. 반면 RIT는 동위원소와 링커를 이온 결합 방법으로 연결한다. 공유 결합이 이온 결합보다 화학적으로 더 강력한 결합 방법이기 때문에 RIT보다 ADC의 결합이 더 강력하다. 이런 이유로 ADC가 RIT보다 먼저 상용화된 것이다. 기존 유방암 치료제 허셉틴에 ADC를 적용한 캐사일라는 2013년 미국 FDA의 승인을 받았다. 반면 글로벌 제약사 노바티스가 개발한 신경내분비암 RIT 치료제 루타테라Lutathera는 2018년 미국 FDA 승인을 받았다.

신경내분비암은 췌장과 위장, 소장, 대장 등에 있는 신경 내분비 세포에 생기는 암이다. 이 암세포에는 소마토스타틴 수용체 somatostatin receptors가 과도하게 많이 발생하는 특징이 있다. 그러니까 소마토스타틴 수용체는 신경내분비암의 바이오 마커이자 신경내분비암을 겨냥한 항암제를 개발할 때 좋은 표적인 셈이다. 노바티스는 암세포의 표면에 있는 소마토스타틴 수용체에 결합하는 리간드를 개발하고 리간드와 결합하는 동위원소로 루테티움 177lutetium-177을 이용했다. 요약하면 소마토스타틴 리간드가 치료 물질인 루테티움을 미사일처럼 이끌고 가 암세포를 공격하는 원리다. 루타테라는 갑상선이 아닌 다른 부위를 치료하는 최초의 RIT 치료제다. 리간드를 이용하기 때문에 좀 더 정확하게 표현하면 RLT 치료제에 해당하지만 말이다.

그런데 방사성 동위원소 루테티움은 희귀 원소라서 값이 비싸다는 단점이 있다. 방사성 동위원소 치료에 일반적으로 쓰이는 물질은 상대적으로 값이 저렴한 요오드 131Iodine-131이다. 그래서 국내 바이오기업 지티아이 바이오사이언스는 요오드 131을 이용한 RIT 치료제를 개발하고 있다. 엽산 수용체가 유방암과 난소암, 폐암 등에 과발현돼 존재한다는 점에 착안해 엽산folate을 리간드 물질로 이용했다. 지티아이 바이오사이언스는 나노 약물 전달체를 개발해 한 쪽엔 요오드를 붙이고 다른 한쪽에 엽산을 붙였다. 나노 약물 전달체는 양이온과 음이온의 성질을 동시에 가지는데, 이를 즈비터이온 zwitter ion이라고 한다. 이렇게 두 전하를 모두 가지는 특성이 있으면, 목표 부위에 도달하기 전에 체내에서 효소나 매크로파지에 의해 분해되는 것을 막을 수 있다. 따라서 RIT가 체내에서 분해되지 않고 표적 암세포까지 안전하게 전달될 수 있다는 게 지티아이 바이오사이언스 CEO의 설명이다. 이 기업은 자체 개발한 RIT 신약후보물질로 곧 미국에서 동물실험을 진행할 계획이다.

술이 아닌 치료제?
칵테일 항체 치료제

바이오를 전공하고 박사 과정을 밟은 대학원생이나 박사 후 연구원, 즉 포닥post-doctor 연구원들에게는 공통의 꿈이 있다. 바이오 분야 세계 3대 과학저널로 불리는 〈셀Cell〉, 〈네이처Nature〉, 〈사이언스Science〉에 논문을 게재하는 것이다. 지금은 그렇지 않지만, 1990년대만 해도 CNS(3대 과학저널의 약칭)에 제1저자로 논문을 게재하면 국내 대학교수 자리는 떼놓은 당상으로 통했다. 꼭 교수 자리 때문만이 아니라 CNS에 논문을 게재하는 것은 교수나 연구원으로서 최고의 영예로 여겨졌다. 그만큼 CNS에 논문을 게재하기가 힘들다는 것이고, 바꿔 말하면 CNS에 논문을 게재하면 연구 성과를 인정받는다는 것이다. CNS 가운데에서도 〈네이처〉와 〈사이언스〉는 바이오 분야뿐만 아니라 모든 과학 분야를 다루면서도 다소 대중적인 연구 성과를 중요시하는 반면, 〈셀〉은 바이오 분야만 취급하면서 순수과학만을 다루기 때문에 〈네이처〉와 〈사이언스〉보다 논문을 게재하는 게 더 어렵다. 따라서 과학계에서 〈셀〉에 논문을 게재한다는 것은 사실상 새로운 이론을 정립하고 그 분야를 개척해야 가능한 것이다. 그런데 그 어려운 CNS에 밥 먹듯이 논문을 게재하는 사람이 있다는 얘기를 대학 시절 어렴풋이 들었다. 그것도 무려 대학원 박사 과정에서 CNS에 논문을 게재해 이른바 3관왕을 달성했다는 것이다. 그래서일까? 이 사람은 당시 미국의 3대 천재 가운데 하나로 불렸다.

졸업 후 자연스레 잊었던 천재의 이름이 20여 년 만에 뜻하지 않은 사건으로 다시 필자의 머릿속에 떠올랐다. 바로 코로나19 팬데믹 때문이었다. 2020년 10월, 당시 미국 대통령이었던 도널드 트럼프는 코로나19에 감염됐고, 미국 FDA의 승인도 받지 않은, 임상시험 중인 항체 치료제를 투여했다. 트럼프는 치료 3일 만에 상태가 좋아졌다며 자신이 투여한 항체 치료제의 효능을 추켜세웠다. 트럼프가 투여한 항체 치료제는 미국 제약사 리제네론이 개발 중인 코로나19 치료제였고, 리제네론의 설립자이자 최고 과학자CSO가 바로 미국의 3대 천재 가운데 한 명인 조지 얀코풀로스이다. 리제네론의 코로나19 항체 치료제는 단일클론항체 2개를 한꺼번에 쓰기 때문에 칵테일 항체 치료제라고도 한다. 리제네론은 왜 단일클론항체 2개를 동시에 쓰는 걸까?

코로나19 항체 치료제의 기본적인 원리는 다음과 같다. 코로나19 바이러스는 인간 세포에 침입할 때 바이러스 표면의 스파이크 단백질을 이용해 세포의 자물쇠를 열고 들어온다. 자물쇠-열쇠 이론에 따라 바이러스의 스파이크 단백질이 열쇠 역할을 하고, 인간 세포에서 스파이크 단백질과 결합하는 특정 단백질, 즉 수용체가 자물쇠 역할을 한다. 코로나19 항체 치료제는 코로나19 바이러스의 스파이크 단백질에 특이적으로 결합하는 단일 클론 항체를 치료 물질로 이용한다. 항체 치료제를 투여하면 우리 몸속에서 코로나19 바이러스의 스파이크 단백질 부위에 결합해 바이러스의 열쇠 기능을 봉쇄한다. 그러면 코로나19 바이러스는 인간 세포에 침입하지 못하고 죽게 된다.

리제네론이 단일클론항체 2개를 쓰는 이유는 스파이크 단백질과 또 다른 바이러스의 항원을 동시에 공략하기 위해서다. 이런 상황을 가정해보자. 애초 단일클론항체가 표적으로 하는 스파이크 단백질 부위에 돌연변이가 생겨서 이 단일클론항체로는 스파이크 단백질 부위를 공략할 수 없게 됐다. 이런 경우 또 다른 단일클론항체가 바이러스의 주요 부위에 결합할 수 있다면, 이 항체로 바이러스를 공격할 수 있다. 요약하면 칵테일 항체의 기본 개념은 코로나19 바이러스가 돌연변이를 일으킬 때를 대비해 2개의 표적을 공격하도록 만드는 것이다.

그렇다면 실제 칵테일 항체 치료제는 코로나19 치료에 효과가 있을까? 미국 사우스플로리다대학과 템파 종합병원 연구팀이 중증 위험도의 코로나19 환자들을 대상으로 리제네론의 칵테일 항체 치료제와 일라이 릴리의 항체 치료제 효과를 실증 분석한 결과 이들 치료제가 응급 상황에서 효과가 있고, 결과적으로 의료진의 부담을 줄이는 데 도움이 되는 것으로 나타났다. 쉽게 말해 경증 환자들의 병증 악화를 막는 데 효과가 있어서 중증 이상의 응급 환자의 비중을 낮춰주기 때문에 의료 현장의 부담이 줄어든다는 얘기다. 다만 코로나19 변이 바이러스에 대해서는 항체 치료제의 효과가 엇갈리는 것으로 나타났다. 일라이 릴리의 항체 치료제는 변이 바이러스 치료 효과가 떨어진다는 이유로 미국 FDA의 긴급사용 승인이 취소됐다. 반면 리제네론의 칵테일 항체 치료제는 베타, 감마 변이에도 효과가 떨어지지 않았으며, 델타 변이에도 일정 수준 효과가 유지됐다.

일라이 릴리도 칵테일 항체 치료제를 개발했다. 하지만 미국 FDA는 2022년 1월 25일 리제네론과 일라이 릴리의 칵테일 항체 치료제 긴급사용 승인을 취소했다. 이유는 코로나19 바이러스의 새로운 변이인 오미크론 치료 효과가 크게 떨어졌기 때문이다. 이에 앞서 리제네론과 일라이 릴리는 자사의 칵테일 항체 치료제가 오미크론 변이 치료에 효과가 떨어진다는 자체 연구 결과를 발표했다. 오미크론 변이는 기존 변이보다 상대적으로 많은 32개의 유전자 변이가 코로나19 바이러스의 스파이크 단백질 부위에 발생했다. 이렇게 유전자 변이가 많이 발생하자, 칵테일 항체로도 오미크론 변이를 치료하는 데 한계가 있었다.

앞서 WHO는 영국발 코로나19 변이 바이러스는 알파, 남아공발 변이 바이러스는 베타, 브라질발 변이 바이러스는 감마, 인도발 변이 바이러스는 델타라고 명명했다. 변이 바이러스가 처음 발생한

장소를 이름으로 사용하는 것은 해당 지역에 대한 부정적인 이미지를 각인하기 때문에 그리스 문자로 이름을 붙인 것이다.

칵테일 치료의 묘미는 국산 항체 치료제와의 비교에서도 도드라진다. 2021년 6월 25일, 한국 보건당국은 셀트리온의 단일클론항체 치료제가 델타 변이 바이러스 치료 효과가 떨어진다고 발표했다. 그런데 셀트리온은 왜 칵테일 항체 치료제를 개발하지 않았을까? 결론부터 말하면 실력이 안 돼서 개발을 못 한 것이다. 리제네론이 단일클론항체 2개를 개발해 칵테일 치료제를 만들었다고 해서 단일클론항체 2개 개발이 쉽다는 것을 의미하지는 않는다. 성능이 좋은 항체 1개를 개발하는 데에도 보통 10여 년 이상이 걸리기 때문이다. 따라서 리제네론이나 셀트리온이 단기간에 코로나19 항체를 개발한 것 자체로도 뛰어난 성과라고 말할 수 있다. 다만 개발한 항체의 성능이 얼마나 뛰어나느냐, 항체를 몇 개를 개발했느냐에 따른 평가는 따로 해야 할 것이다. 또 리제네론과 일라이 릴리의 사례에서 알 수 있듯이 같은 칵테일 항체라도 어떤 항체를 만들었느냐에 따라 치료 효과가 다르다는 점을 알 수 있다. 이를 종합해보면 항체 치료제를 만드는 것은 사실 매우 어려운 일이며, 힘들게 만든 항체 치료제가 성공하는 것 역시 매우 어렵다는 것을 알 수 있다. 셀트리온의 항체 치료제는 사실상 절반의 성공으로 볼 수 있다. 항체 신약개발 성공 사례가 없는 한국이 코로나19 팬데믹 상황에서 치료제 개발에 성공한 것은 분명 의미가 있다. 하지만 치료제가 기대 이상의 성능을 발휘하지 못한 것은 반면교사로 삼아야 할 것이다.

코로나19를 계기로 칵테일 치료법이 많은 사람에게 알려졌다. 하지만 칵테일 치료는 바이오 분야에서 오래전부터 사용하던 치료 방법 가운데 하나다. 코로나19 이전에 칵테일 치료법의 대명사는 에이즈 치료제였다. 에이즈는 1980~1990년대에 20세기 흑사병이라고 불릴 만큼 무시무시한 질병이었다. 하지만 지금은 당뇨병처럼 약만 잘 먹으면 관리가 가능한 일종의 만성 질환이다. 에이즈가 흑사병에서 만성 질환으로 바뀐 가장 큰 이유는 칵테일 치료법에 있다. 칵테일 치료법은 2개 이상의 치료제를 한꺼번에 쓰는 것을 말한다. 에이즈의 경우에는 3개의 치료제를 한 번에 사용한다. 그만큼 에이즈 바이러스 치료가 까다롭기 때문이다.

바이러스의 생활사는 대부분 다음과 같다. 우선 바이러스가 인간 세포에 침입한다. 세포 안으로 침입한 바이러스는 자신의 유전자를 복제해 증식한다. 충분히 증식한 바이러스는 세포를 깨고 나가 이웃한 또 다른 인간 세포를 감염한다. 바이러스는 이 과정을 무한 반복한다. 따라서 바이러스의 생활사 각 단계가 모두 치료의 표적이 된다.

그런데 에이즈 바이러스는 보통의 바이러스와는 다른 독특한 생활사를 가진다. 에이즈 바이러스의 유전자는 RNA이다. 독감 바이러스와 코로나19 바이러스의 유전자도 모두 RNA이다. RNA 바이러스 대부분은 RNA에서 RNA 유전자를 복제하고 RNA로부터 단백질을 만든다. 그런데 에이즈 바이러스는 독특하게도 RNA 유전자에서 DNA로 역전사reverse transcription한 뒤, DNA에서 다시 RNA를 만들고, RNA에서 단백질을 만든다. 생물학의 중심 원리를 살펴보면 생명체의 유전자 발현 흐름은 DNA에서 RNA를 거쳐 단백질로 이어진다. 그러나 에이즈 바이러스는 RNA에서 DNA로 거꾸로 간 뒤 다시 DNA에서 RNA, 단백질을 만들기 때문에 '거꾸로'라는 의미의 단어 '레트로'가 붙은 레트로바이러스로 분류된다. 따라서 에이즈 바이러스는 역전사 단계를 저해하는 방식의 치료 표적이 하나 더 생긴다. 과학자들은 바로 이 역전사 단계를 저해하는 물질과 바이러스의 단백질 합성을 저해하는 물질 등 서로 다른 단계를 공격하는 3개의 물질을 혼합해 칵테일 에이즈 치료제를 개발했다.

영화 〈보헤미안 랩소디〉로 유명한 그룹 퀸의 메인 보컬 프레디 머큐리는 에이즈 감염으로 1991년 사망했다. 반면 1991년 에이즈 감염 사실을 공개했던 미국 프로농구 스타 매직 존슨은 현재까지 별탈 없이 잘살고 있다. 프레디 머큐리와 매직 존슨의 생사를 가른 것은 바로 칵테일 에이즈 치료제였다. 1992년 칵테일 에이즈 치료제가 개발되면서 칵테일 치료제의 혜택을 본 매직 존슨은 지금까지도 생존할 수 있었고, 칵테일 치료제의 덕을 전혀 볼 수 없었던 프레디 머큐리는 45세라는 젊은 나이에 사망했다.

1953년 4월 25일 과학 저널 〈네이처〉에 게재된 제임스 왓슨과 프랜시스 크릭의 논문은 생물학계의 지각 변동을 불러왔다. 이들은 논문에서 생명체의 유전물질인 DNA의 구조가 이중나선이라는 점을 규명했다. 왓슨과 크릭의 논문 발표 이후 생물학 분야에서는 DNA 연구가 폭발적으로 이뤄졌고, 이는 분자생물학molecular biology이라는 새로운 학문을 잉태했다.

분자생물학의 분자는 DNA, RNA, 단백질 등을 일컫는다. 이들 분자가 생명체 내에서 무슨 일을 하며, 서로 어떤 관련이 있고, 이들을 어떻게 조작할 수 있는지 등을 다루는 것이 분자생물학의 핵심이다. 왓슨과 크릭이 1953년 DNA의 구조를 규명한 이후 분자생물학이라는 학문이 태동했고, 지금까지 분자생물학은 현대 생물학에서 가장 중요한 위치를 차지하고 있다. 바이오 기술의 핵심이 DNA,

RNA, 단백질을 어떻게 정교하게 다루느냐에 있기 때문이다. 그런데 DNA와 단백질 연구는 그동안 폭발적으로 이루어졌지만 RNA는 별로 주목받지 못했다. 유전자 발현은 DNA에서 출발해 RNA를 거쳐 단백질로 귀결된다. 따라서 시작 물질인 DNA와 최종 산물인 단백질에 연구가 집중되고 RNA는 그저 둘 사이에 끼어 잠시 존재하는 중간 물질 정도로만 여겨진 것이다. 하지만 최근에는 RNA가 전 세계적인 이목을 끌기 시작했다. 바로 코로나19를 계기로 상용화된 mRNA 백신 덕분이다. 이제부터는 천대받던 RNA를 단숨에 떠오르는 별로 만든 mRNA 백신에 대해 구체적으로 살펴보겠다.

취임하자마자 과학 분야 주요 정부 기관 예산 삭감, 연례행사인 미국인 출신 노벨상 수상자 백악관 초청 폐기 등 재임 기간 내내 과학을 경시하고 과학계의 의견을 무시했던 도널드 트럼프가 과학과 관련해서 딱 하나 잘한 일이 있다. 2020년 3월 WHO가 코로나19 팬데믹을 선언하자 미국 내 주요 제약·바이오기업 CEO들을 백악관에 불러 모아 코로나19 바이러스 백신 개발 계획을 논의한 것이다. 당시 트럼프는 기업 CEO들에게 정부가 전폭적인 지원을 해줄 테니 연내에 백신을 만들 것을 요구했다. 이른바 초고속 작전wharp operation의 시작이었다. 통상 10여 년이 걸리는 백신 개발을 10개월 내에 끝내는 것을 목표로 했으니, 초고속이라는 명칭이 붙는 게 당연했다. 기업당 1조 원이 넘는 예산을 지원받은 미국 기업들은 백신 개발에 박차를 가했고, 그 결실이 12월에 나타났다. 미국 정부의 지원을 받은 모더나가 개발한 코로나19 백신이 미국 FDA의 긴급사용 승인을 받은 것이다. 미국에서 코로나19 백신 긴급사용 승인은 화이자가 모더나보다 1주일 앞서 받았지만, 화이자는 미국 정부로부터 지원금을 받지 않았다.

화이자와 모더나의 코로나19 백신은 모두 mRNA 방식의 백신이다. mRNA 백신이 무엇인지를 설명하기에 앞서 우선 기본적인 백신의 원리부터 살펴보자. 백신은 바이러스의 특정 물질(항원)을 인체에 주입해서 인체 면역계가 바이러스를 공격하는 항체를 생성하도록 하는 것이 목표다. 체내에 외부 침입자가 들어오면 면역계가 활성화되면서 항체를 만들기 때문에 이후 실제 감염됐을 때 항체를 만들어 바이러스를 공격하는 것이다. 이게 백신의 예방 원리다. 그러니까 백신의 핵심 기술은 바이러스의 특정 항원을 만들어 인체에 잘 전달하는 것이다.

바이러스가 인간 세포에 침입하기 위해서는 인간 세포의 자물쇠를 열 수 있는 열쇠가 필요하다. 코로나19 바이러스의 경우 열쇠 역할을 하는 것이 바이러스 외투 단백질의 일종인 스파이크 단백질이다. 과학자들은 이 스파이크 단백질 부위를 바이러스의 항원으로 설계했다. 그러면 실제 감염됐을 때 인체에서 스파이크 단백질의 항체가 생성되고, 항체가 스파이크 단백질에 달라붙어 열쇠 기능을 봉쇄한다. 바이러스는 인간 세포의 자물쇠를 여는 데 실패해 결과적으로 인간 세포에 침입하지 못한다.

코로나19 바이러스 백신의 종류는 스파이크 단백질을 어떻게 만드느냐에 따라 결정된다. 화이자와 모더나의 백신은 스파이크 단백질을 mRNA 형태로 만든 백신이다. 단백질은 DNA에서 출발해 RNA를 거쳐 단백질로 발현된다고 여러 차례 설명했다. RNA는 인체 세포 안에서 mRNA로 전환되고, 이 mRNA를 기반으로 단백질이 만들어진다. mRNA는 'messenger RNA'의 약자로, DNA에서 RNA가 만들어지면, 실제 단백질을 만드는 데 필요한 유전정보만을 모아 mRNA를 만든다. DNA와 RNA의 유전정보에는 단백질 합성에 필요하지 않은 정보도 포함되어 있다. 그래서 생명체는 단백질 합성의 효율을 높이기 위해 합성에 사용되는 유전정보만 모아 mRNA를 만들고, mRNA의 유전정보를 바탕으로 단백질을 만든다. 단백질 합성에 필요한 유전정보를 엑손exon이라고 하고, 필요하지 않은 정보를 인트론intron이라고 한다.

mRNA 백신 외에도 스파이크 단백질의 DNA를 항원으로 삼아 제작하면 DNA 백신, 스파이크 단백질을 단백질 형태로 제작하면 단백질 백신이라고 한다. 각각의 백신은 제조 방법이 다르고 효능에서도 차이가 있지만, 이 장에서는 mRNA 백신에 대해 집중적으로 살펴보겠다.

RNA는 DNA와 단백질 사이에서 징검다리 역할을 하지만, 구조적으로 불안정하다는 특징이 있다. RNA의 기본 골격인 오탄당(탄소 5개로 구성된 링 형태의 유기화합물)에서 산소를 뺀 것이 DNA인데, 산소가 있고 없고에 따라 구조적 안정성에 지대한 영향을 미친다. 산소는 2개의 전자를 외곽에 가진 원소다. 원소의 껍데기 부위에 음전하를 띤 전자가 2개 있다는 것은 다른 원소와 쉽게 화학 반응을 일으킬 수 있다는 얘기다. 음전하 2개가 주변의 양전하 2개와 쉽게 이온 반응을 일으키기 때문이다. 다른 물질과 화학 반응을 잘 일으킨다는 것은 분자 자체가 불안정하다는 얘기다. 반대로 안정적인 분자라면 화학 반응이 잘 일어나지 않는다. 생명체가 RNA가 아니라 DNA를 유전물질로 선택한 것도 DNA가 RNA보다 훨씬 안정적이기 때문이다.

RNA는 구조적으로 불안정하다는 특징 외에 또 다른 특징이 있다. RNA가 인간 세포에 들어오면 RNAase라는 RNA 분해효소가 RNA를 쉽게 분해한다는 점이다. 바꿔 말하면 RNA를 인체에 주입하자마자 RNAase에 의해 분해돼 사라진다는 얘기다. 이러한 특징은 mRNA에도 똑같이 적용된다. 그러니까 체내에서 분해되지 않도록 특수한 물질로 mRNA를 보호해야 백신이 인간 세포 안으로 잘 전달될 수 있다. 이것이 바로 mRNA 백신 개발 기술의 핵심이다.

현재 바이오 기술 수준으로 봤을 때 코로나19 바이러스의 스파이크 mRNA를 만드는 것 자체는 그렇게 어려운 기술이 아니다. 다만 mRNA의 경우 5프라임 캡핑capping이라는 기술은 필요하다. mRNA를 일자로 쭉 펼쳤을 때 한쪽 끝을 5프라임이라고 하고, 나머지 한쪽 끝을 3프라임이라고 한다. 5프라임 캡핑은 mRNA의 5프라임에 모자를 씌우듯 단백질을 씌워 5프라임 부위를 보호하는 것을 말한다. 인간 세포는 mRNA를 만들면 최종적으로 5프라임 캡핑을 진행한다. 따라서 mRNA 백신을 만들 때도 대상 mRNA에 5프라임 캡핑을 해야 한다.

기술의 난도로 보면 5프라임 캡핑보다는 mRNA가 체내에서 분해되지 않도록 보호 물질을 만드는 것이 더 어렵다. 코로나19 mRNA 백신 개발에 성공한 화이자와 모더나도 보호 물질 기술은 자체적으로 보유하지 못했다. 그래서 mRNA를 감싸는 특정 물질을 다른 기업으로부터 기술이전 받았다. 이 물질은 지질나노입자lipid nanoparticle, LNP다. 지질나노입자는 스파이크 mRNA를 감싸서 RNAase의 공격을 막아주는 방패 역할을 한다. 지질나노입자는 일종의 지방 덩어리로, 명칭에 나노가 붙은 것에서 알 수 있듯이 입자의 지름이 100나노미터 정도다. 지질나노입자는 이온화 지질, 콜레스테롤, 폴리에틸렌글리콜PEG 등으로 구성돼 있다. 이 가운데 이온화 지질은 mRNA가 인간 세포의 막을 통과할 수 있도록 한다. 지질층으로 구성된 세포막은 인간 세포를 감싸서 보호하는 역할을 하는데, 비슷한 성질의 지질 물질은 쉽게 통과할 수 있다. 콜레스테롤은 입자의 형태를 유지하고, 폴리에틸렌글리콜은 지질나노입자가 체내에서 오랜 시간 머물도록 돕는다.

화이자와 모더나는 지질나노입자를 다른 업체로부터 이전받았지만, 그 과정에는 약간의 차이가 있다. 화이자는 제값을 주고 지질나노입자 기술을 이전받았고, 모더나는 그러지 못했다. 그래서 모더나는 지질나노입자 개발 기업과 미국에서 특허 소송을 벌여야 했다. 특허심판원은 지질나노입자 개발 기업의 손을 들어줬고, 모더나는 코로나19 백신이 한 개씩 팔릴 때마다 일정 금액의 로열티를 이 기업에게 지급해야 한다. 그래서일까? 모더나의 mRNA 백신은 화이자의 mRNA 백신보다 훨씬 비싸다. 업계 관계자들은 모더나가 지질나노입자 개발 기업에게 지급해야 할 로열티까지 포함해서 가격을 책정했기 때문에 비쌀 수밖에 없을 거라고 추측하고 있다.

화이자와 모더나는 코로나19 mRNA 백신으로 천문학적인 수익을 내고 있다. 아직 코로나19 팬데믹이 끝나지 않았다는 점을 고려하면 이들 기업의 수익은 상상을 초월할 전망이다. 그런데 가만히 그 속을 들여다보면 화이자와 모더나가 돈을 벌면 벌수록 지질나노입자 개발 기업의 수익도 비례해서 늘어난다. 화이자와 모더나 외에도 전 세계적으로 mRNA 백신을 개발하겠다는 기업이 우후죽순 늘고 있다. 이들 기업 대부분은 자체 지질나노입자 기술이 없어서 몇몇 지질나노입자 개발 기업으로부터 기술이전을 받아야 한다. 이런 점까지 고려하면 코로나19 팬데믹 상황에서 mRNA 백신 개발의 최대 수혜자는 백신 개발사가 아니라 지질나노입자 개발사라는 것도 틀린 말이 아니다.

그렇다면 한국의 mRNA 백신 개발 현황은 어떠할까? mRNA 백신 상용화 이후 다른 방식의 백신보다 상대적으로 부작용이 적은 것으로 보고되면서 전 세계적으로 mRNA 백신 개발 열풍이 불었다. 한국도 예외는 아니었다. 한국에서는 2021년 6월 한미약품과 GC녹십자, 에스티팜 등을 주축으로 한 차세대 mRNA 백신 플랫폼 기술 컨소시엄consortium이 출범했다. 컨소시엄의 목표는 '2022년 mRNA 백신의 상용화'이다. 이를 두고 과학계에서는 엇갈린 평가가 나오고 있다.

우선 긍정적인 평가는 mRNA 백신 개발 자체만으로도 의미가 있다는 것이다. 국산 mRNA 백신이 상용화됐을 때 코로나19가 종식되더라도 mRNA 백신 기술을 바탕으로 또 다른 감염병이 발생했을 때 빠르게 백신 개발에 나설 수 있기 때문이다.

부정적인 평가는 지질나노입자 기술과 밀접한 관련이 있다. 전 세계적으로 지질나노입자 기술은 몇 개 기업만이 보유하고 있다. 현재 국내에는 상용화된 지질나노입자 기술이 없다. 따라서 컨소시엄이 지질나노입자 기술을 자체 개발하지 못한다면 결국 해외 기업으로부터 기술이전을 받는 방법밖에는 없다. 그럴 경우 국산 mRNA 백신은 핵심이 빠진 개발에 그칠 것이라는 비판이다. 이 때문에 당장은 기술이전을 받더라도 결국에는 지질나노입자 자체 개발에 성공해야 한다는 주장이 강하게 제기되고 있다. 국내 3개 기업이 7,000억여 원을 투자하고, 정부가 전폭적으로 지원에 나선 컨소시엄이 빛 좋은 개살구에 그칠지 한국의 백신 개발 역량을 한 단계 높이는 계기가 될지는 사실상 지질나노입자 상용화에 달려 있다.

이런 상황에서 컨소시엄에 포함되지 않은 국내 바이오기업 아이진은 양이온성 리포솜을 이용해 mRNA를 전달하는 기술을 개발했다. 양이온을 띠는 리포솜이 음이온을 띠는 mRNA를 끌고 가는 것이 양이온성 리포솜의 기본 원리다. 아이진은 전신 알레르기 반응인 아나필락시스anaphylaxis의 원인으로 추정되는 지질나노입자에 포함된 PEG 성분이 양이온성 리포솜에는 포함돼 있지 않기 때문에 더 안전하다고 주장하고 있다. 반면 양이온성 리포솜이 체내에서 공격을 받아 깨질 가능성이 크다고 보는 시각도 있다. 여하튼 아이진이 진행한 동물실험에서는 양호한 결과가 나왔으며, 2021년 6월 한국 식품의약품안전처에 임상 1상을 신청했다. 동물실험에서는 좋은 결과가 나왔지만, 아직 양이온성 리포솜이 mRNA 백신의 전달체로 이용된 사례가 전 세계적으로 단 한 건도 없다는 게 불안 요소로 작용하고 있다. 아이진은 큐라티스, 진원생명과학, 보령바이오파마 등과 함께 '백신안전기술지원센터 인프라 활용 mRNA 바이오 벤처 컨소시엄'을 구성했다.

mRNA를 조절하는 스위치
마이크로RNA

코로나19를 계기로 mRNA 백신이 전 세계적으로 주목을 받으면서, mRNA를 이용한 다른 연구에도 관심이 쏠리고 있다. 가장 대표적인 것은 mRNA를 조절하는 방식의 치료제 개발이다.

1998년 RNA 간섭 현상RNAi을 발견한 크레이그 멜로와 앤드루 파이어는 그 공로를 인정받아 2006년 노벨 생리의학상을 수상했다.

크레이그 멜로

RNA 간섭 현상이란 우리가 목표로 하는 특정 mRNA의 기능을 억제하는 것을 말한다. 어떤 병의 원인으로 유전자 A가 규명됐다고 가정해보자. 유전자 A의 DNA를 표적으로 하는 치료제를 개발할 수도 있지만, RNA 간섭 치료제는 유전자 A의 mRNA를 표적으로 한다. DNA 자체를 표적으로 하면, DNA에 영구적인 손상을 입혀 유전자 변이를 일으킬 위험성이 있다. 하지만 mRNA를 표적으로 하면 유전자 변이를 걱정할 필요가 없다. 특정 mRNA와 결합하는 물질로 miRNA^{microRNA}나 siRNA^{small interference RNA}를 이용하는데, 이 물질은 우리가 목표로 하는 mRNA에 달라붙어 단백질이 만들어지는 것을 억제한다. 즉, miRNA나 siRNA가 단백질 합성에서 일종의 스위치 역할을 하는 것이다.

생명체는 아버지로부터 물려받은 유전자와 어머니로부터 물려받은 유전자를 2개씩 쌍으로 보유한다. 그래서 하나의 유전자가 고장이 나도 나머지 하나의 유전자가 이를 보완하면 병이 발생하지 않는다. 극히 일부의 경우 2개의 유전자가 모두 고장이 나 병을 일으키기도 한다. 이런 관점에서 보면 질병 대부분은 유전자의 이상보다는 유전자로부터 발현되는 단백질의 이상이 원인인 경우가 많다. 우리 몸에 필요한 단백질이 너무 적게 만들어지거나 너무 많게 만들어지는 경우다. miRNA나 siRNA를 이용하면 단백질 합성을 조절해 우리 몸에서 병을 일으키는 단백질의 생성을 억제할 수 있다.

미국 바이오기업 앨라일람 파마슈티컬스^{Alnylam Phamrmaceuticals}는 2018년 세계 최초로 RNAi 방식의 치료제를 개발해 미국 FDA의 승인을 받았다. 이 치료제는 희소 유전질환인 ATTR 아밀로이드증을 치료하는 약이다. ATTR 아밀로이드증은 정상 구조를 유지하지 못해 유전자 변형이 일어난 특정 단백질이 심장과 신경계 등 여러 장기에 축적돼 감각 장애와 심장 질환 등이 나타난다.

미국 바이오기업 로스비보는 miRNA를 이용해 당뇨병 치료제를 개발하고 있다. 1922년 인공 인슐린이 개발된 이후 수많은 당뇨병 치료제가 개발됐다. 하지만 대부분의 치료제는 혈당 수치를 낮추는 방식이다. 당뇨병은 혈당 수치가 과도하게 높아지는 질병으로, 근본적인 원인은 인슐린을 생성하는 췌장의 베타세포가 고장이 났기 때문이다. 인슐린은 혈액 속의 당인 글루코스를 세포로 이동시키는 역할을 하고, 세포는 글루코스를 원료로 생체 에너지인 ATP를 만든다. 만약 베타세포 사멸을 막거나 재생할 수 있다면 당뇨병의 근본적인 치료가 가능하다. miRNA를 이용한 당뇨병 치료제는 베타세포 사멸을 억제하는 방식이다. 즉, 베타세포 사멸을 촉진하는 특정 단백질이 생성되지 못하도록 이 단백질의 mRNA에 miRNA를 결합시키는 것이다.

국내 바이오기업 바이오 오케스트라는 miRNA 기술을 이용한 치매 치료제를 개발하고 있다. 또 다른 바이오기업 올릭스는 siRNA를 이용한 비대 흉터 신약을 개발하고 있고, 바이오기업 써나젠테라퓨틱스는 siRNA 기반의 섬유화증 신약을 개발하고 있다. 국내에서 여러 기업이 임상시험을 경주하고 있는데, 아직 상용화까지는 갈 길이 멀다. 다만 이전에는 없었던 새로운 방식으로 치료제 개발에 도전한다는 것만으로도 그 의의가 충분하다고 할 수 있다.

2020년 코로나19 바이러스가 한창 창궐할 당시 미국 길리어드 사이언스는 개발 중이던 에볼라 치료제를 코로나19 치료제로 바꿔 개발해 세계 최초로 미국 FDA의 긴급사용 승인을 받았다. 길리어드 사이언스가 개발한 코로나19 치료제의 긴급사용 승인 이후 국내에서도 기존 약을 코로나19 치료제로 개발하려는 시도가 쏟아졌고, 국내 2개 제약사는 각기 다른 약으로 코로나19 치료제 임상시험 단계에 진입했다. 이들 기업이 코로나19 치료제 개발에 활용한 약은 각각 항응고제와 구충제였다. 두 기업 모두 동물실험에서 매우 긍정적인 결과를 도출하면서 이어질 인체 임상시험 성공에 대한 기대감을 높였다. 하지만 2020년 말, 두 기업은 사실상 인체 임상시험에 실패했다. 신약개발의 성공 확률이 극히 낮다는 점에서 임상시험 실패가 그렇게 놀랄 일은 아니다. 또 이들 기업처럼 동물실험에서 좋은 결과가 나와도 임상시험에서는 좋지 않은 결과가 나오는 사례가 허다하다. 반대로 동물실험에서는 좋지 않은 결과가 나왔지만, 오히려 임상시험에서 좋은 결과가 나타나는 사례도 있다.

그렇다면 도대체 왜 동물실험의 결과와 인체 임상시험의 결과가 반드시 일치하지 않는 걸까? 그 이유는 간단명료하다. 동물과 인간이 서로 다르기 때문이다. 동물실험은 보통 쥐나 원숭이를 대상으로 하는데, 쥐는 인간과는 너무나 거리가 멀다. 원숭이는 인간과 가장 유사한 동물이지만, 그렇다고 원숭이가 인간은 아니다. 그래서 과학자들은 인간과 가장 유사한 대체재를 찾는 연구를 시작했다.

동물이 아니라 인간의 장기로 실험을 한다면 어떨까? 일명 미니 장기로 불리는 오가노이드organoid는 이러한 질문에서 출발했다. 오가노이드는 장기를 뜻하는 오간organ과 유사체를 의미하는 오이드oid의 합성어다. 그러니까 오가노이드는 인간의 장기와 비슷한 기능을 수행하도록 본떠 만든 일종의 장기 유사체다. 바이오 분야에서 오가노이드는 크게 세 가지 조건이 성립돼야 한다. 첫째, 해당 장기를 구성하는 세포로 이뤄져야 한다. 둘째, 해당 장기의 구조와 유사해야 한다. 셋째, 해당 장기의 기능을 유사하게 수행할 수 있어야 한다.

오가노이드의 세 가지 조건 가운데 가장 중요한 건 해당 장기의 기능을 유사하게 수행할 수 있어야 한다는 것이다. 오가노이드는 장기 유사체이기 때문에 해당 장기의 축소판으로 볼 수 있다. 따라서 형태는 해당 장기와 다를 수 있지만, 핵심 기능만은 제대로 수행해야 한다. 장 오가노이드를 만든다고 가정해보자. 우리 몸에서 장은 음식물을 소화하고 배출하는 기능을 한다. 이런 기능을 반드시 수행할 수 있어야 비로소 장 오가노이드라고 말할 수 있다.

오가노이드는 해당 조직의 세포로 이뤄져야 하기 때문에 오가노이드를 만드는 기업 대부분은 줄기세포를 이용한다. 줄기세포는 줄기에서 잎이 뻗어 나가듯이, 인체의 모든 세포로 분화할 수 있는 세포를 일컫는다. 줄기세포는 크게 배아줄기세포와 성체줄기세포, 유도만능줄기세포로 나눌 수 있으며 대부분 이 세 가지 줄기세포 가운데 하나를 이용해 오가노이드를 만든다. 배아줄기세포는 배아 embryo 단계의 줄기세포를 말하는 것으로, 특정 세포로 분화하는 능력이 탁월하다. 다만 배아 단계에서 채취해야 한다는 점에서 구하기가 매우 어렵다는 단점이 있다. 성체줄기세포는 이미 분화가 완료된 성인의 줄기세포로, 성인의 조직에서 상대적으로 쉽게 채취할 수 있다. 하지만 배아줄기세포보다 분화 능력이 떨어진다는 단점이 있다. 유도만능줄기세포는 배아줄기세포의 뛰어난 분화 능력과 성체줄기세포의 쉽게 구할 수 있다는 장점을 모두 지니고 있다. 유도만능줄기세포는 성인의 피부세포를 채취한 뒤 이를 줄기세포로 역분화해서 만들기 때문에 역분화줄기세포라고도 한다. 일본 교토대학 교수 야마나카 신야는 유도만능줄기세포를 만든 공로를 인정받아 2012년 노벨 생리의학상을 수상했다.

다음으로 중요한 것이 해당 장기와 비슷한 구조를 구현하는 것이다. 여기서 말하는 비슷한 구조라는 것은 3차원 구조를 말한다. 당연한 얘기지만, 장기는 체내에서 3차원 구조로 존재한다. 그런데 오가노이드를 2차원으로 만든다면 당연히 우리 몸에서 수행하는 기능을 기대하기 어렵다. 예전에는 세포를 배양할 때 배양 접시 위에 평평하게 깔았다. 이렇게 배양한 2차원 구조 세포는 실제 인간 세포와는 전혀 다른 특성을 띠기 때문에 세포실험에서 좋은 결과가 나와도 동물실험이나 임상시험에서 좋은 결과를 담보하기 힘들었다. 그래서 생각한 것이 실제처럼 3차원으로 세포를 키우자는 것이었다. 오가노이드를 3차원 구조로 만들기 위해 과학자들은 세포를 배양할 때 일종의 거푸집 역할을 하는 세포외 기질extracellular matrix 등을 활용한다. 세포는 우리 몸에서 3차원 구조를 형성할 때 세포외 기질과 지지체인 스캐폴드scaffold 등을 이용한다. 따라서 오가노이드를 만들 때도 세포에 스캐폴드와 세포외 기질 등을 함께 넣어 배양한다. 집을 만들 때도 철근으로 먼저 대략적인 골격을 만들고 집을 짓듯이 세포도 세포외 기질과 스캐폴드라는 골격을 활용해 3차원 구조를 만든 것이다.

그런데 세포외 기질과 스캐폴드만으로는 3차원 구조와 기능을 모두 모사하기 어렵다. 체내 환경을 생각해보자. 체내 모든 세포는 이웃한 세포와 끊임없이 신호를 주고받으면서 기능을 수행한다. 쉽게 말해 세포끼리 서로 소통한다는 얘기다. 그래서 세포를 실험실에서 3차원으로 배양할 때는 체내에서처럼 세포가 서로 신호를 주고받을 수 있는 환경을 구축해줘야 한다. 여러 가지 방법이 있는데, 그 가운데 하나는 인체 내부의 신호 전달과 유사한 환경을 구축해주는 것이다. 이를 위해 성장인자 등을 배양액에 넣어준다. 성장인자는 세포가 주고받는 여러 신호전달물질 가운데 하나다. 이런 식으로 체내 환경과 최대한 비슷한 환경을 구축해서 세포를 키우면, 그 세포가 오가노이드로 발전한다.

이렇게 만들어진 오가노이드는 우선 동물실험 대체제로 활용할 수 있다. 오가노이드는 인체 조직과 유사하기 때문에 실험결과가 임상시험에서도 비슷하게 나올 확률이 동물실험보다 훨씬 클 것으로 업계 관계자들은 판단하고 있다.

오가노이드의 또 다른 주요 활용 분야는 약물 스크리닝이다. 폐암 환자에게 약물을 처방한다고 가정해보자. 치료 효과를 극대화하기 위해서는 환자에게 가장 부작용이 적으면서 효능이 좋은 약을 찾아 처방해야 한다. 그런데 환자에게 항암제를 다 처방해볼 수는 없는 노릇이다. 이런 경우 환자의 몸에서 폐암 조직을 떼어내 폐암 오가노이드를 만들면 기존 항암제의 효과를 일일이 테스트해볼 수 있다. 여기서 관건은 시간을 다투는 암 환자에게 시의적절한 처방을 내리기 위해서는 신속하게 종양 오가노이드를 만들어야 한다는 것이다. 환자에게서 조직을 떼어내 오가노이드로 만들려면 통상 4주 정도가 걸린다. 이는 환자 입장에서 보면 너무나도 긴 시간이다. 그래서 오가노이드 기업들의 당면 과제 가운데 하나는 이 기간을 1~2주로 줄이는 것이다.

오가노이드 자체를 치료제로 활용하기도 한다. 예를 들어 침샘이 손상된 경우 침샘 오가노이드를 만들어 환자에게 직접 이식하는 방법이다. 국내 바이오기업 오가노이드 사이언스는 침샘 오가노이드와 장 오가노이드를 만들어 환자에게 직접 이식하는 임상시험을 준비하고 있다. 다만 기존의 오가노이드는 주로 연구용으로만 사용했기 때문에 사람의 몸에 이식하거나 치료용으로 사용하는 데에는 아직 제약이 많다.

오가노이드 치료제와 관련해 한 가지 짚고 넘어가야 할 점은 오가노이드를 환자에게 이식할 경우 환자 자신의 세포로부터 오가노이드를 만들어야 한다는 것이다. 다른 사람의 세포로 오가노이드를 만들면 인체 면역계가 이를 외부의 적으로 인식해 공격하는 면역거부반응이 일어나기 때문이다. 하지만 모든 환자에게서 세포를 채취할 수도 없고, 상용화에도 어려움이 많다. 따라서 건강한 타인의 세포로 오가노이드를 만들어 몸이 아픈 환자에게 이식하는 타가유래 오가노이드 개발은 오가노이드 기업의 또 다른 숙제다.

오가노이드는 비즈니스 측면에서 두 가지 흥미로운 점이 있다. 첫째, 오가노이드를 만드는 각 단계가 모두 사업 모델이 될 수 있다. 오가노이드를 만들기 위해서는 기본적으로 줄기세포가 필요하다. 따라서 줄기세포를 채취하고 키우는 기술이 곧 사업이다. 이런 점에서 오가노이드를 만드는 기업은 대부분 줄기세포를 같이 다룬다. 바꿔 말하면 줄기세포를 다루는 기업은 오가노이드를 만들 수 있다는 얘기다. 둘째, 오가노이드를 3차원으로 배양하기 위해서는 성장인자와 같은 물질이 필요하다. 보통 세포를 키우는 용액을 배양액이라고 한다. 따라서 성장인자와 배양액을 세트로 제공하는 것 역시 사업 모델이 될 수 있다. 오가노이드를 만들면서 성장인자 등 세포 배양에 필요한 배양액까지 개발한다면 이 배양액만 따로 떼어내 상품으로 만들 수 있다는 얘기다. 오가노이드 사이언스는 이런 방식으로 사업화 모델을 구축하고 있다.

어린이들은 야외에서 뛰놀다 보면 쉽게 넘어지곤 한다. 크게 상처가 나면 병원에서 실로 상처 부위를 꿰매야 할 때도 있다. 요즘에는 상처 부위를 꿰맬 때 체내에서 녹는 생분해성 실을 사용한다. 녹는 실로 상처를 꿰매면 나중에 실이 서서히 녹아서 상처가 아물 때쯤이면 없어진다. 별거 아닌 것 같은 녹는 실의 원리는 현재 바이오 분야에서도 제법 쏠쏠하게 사용되고 있다.

녹는 실의 원리는 간단하다. 체내에서 분해되는 고분자로 실을 만들어, 실이 서서히 녹도록 하는 것이다. 이 원리를 응용하면 서서히 녹는 약을 만들 수 있다. 서서히 녹는 약을 먹으면 체내에서 약이 서서히 방출돼 약의 효과가 짧게는 1주일에서 길게는 6개월까지 지속된다. 이런 기술을 바이오 분야에서 약효 지속성 기술이라고 한다. 생분해성 고분자에 약물을 넣어 10마이크로미터 크기의 아주 작은 입자로 균일하게 만든다. 약물이 체내에 들어가면, 가수분해되는 정도에 따라 약이 서서히 방출된다. 이때 생분해성 고분자가 인체 소화 효소에 의해 분해되는 것을 막기 위해서 피하 근육에 직접 주사하는 방식을 이용한다. 그러면 약물이 근육에 머물러 있다가 녹는 정도에 따라 일정량의 약이 방출돼 혈관을 타고 인체에 퍼진다.

약효 지속성 기술의 묘미는 한 달에 한 번 주사를 맞든 일주일에 한 번 주사를 맞든 매일 일정한 양의 약이 방출되도록 만드는 것이다. 일주일에 한 번 주사를 맞는다면 일주일치의 약을 한 번에 주사로 맞고, 하루에 하루치씩을 일정하게 방출되도록 만든다. 생분해성 고분자 입자의 크기를 균일하게 만들면 약물이 방출될 때 일정량의 약을 내보낼 수 있다.

예를 들어 기존에는 당뇨병 약을 하루에 한 번 맞아야 했지만 약효 지속성 기술을 적용하면 일주일에 한 번 맞도록 바꿀 수 있다. 기존 바이오 신약의 효능이나 투여 횟수 등을 개선한 것을 바이오베터라고 한다. 기존의 바이오 신약에 약효 지속성 기술을 적용하면 바이오베터에 속한다고 볼 수 있다. 바이오베터에는 여러 가지가 있는데, 약효 지속성 기술 이외에도 정맥 주사를 피하 주사로 바꿔주는 것 등이 있다.

약효 지속성 의약품은 바이오베터라는 점에서 오리지널 신약의 특허 전략과도 밀접한 관련이 있다. 만약 오리지널 신약의 특허 기간이 남아 있다면, 별도의 로열티를 지급해야 하기 때문이다. 이를 회피하기 위해서 약효 지속성 기술 기업은 다양한 전략을 구사한다.

첫 번째 전략은 약효 지속성 기술로 개발 중인 약의 개발 완료 시점을 오리지널 신약의 특허 종료 시점과 맞물리게 하는 것이다. 즉, 약효 지속성 기술 기업의 임상시험이 종료되는 시점을 오리지널 신약의 특허가 종료되는 시점에 맞추는 방법이다. 약효 지속성 의약품은 이미 승인된 의약품을 대상으로 추가적인 임상시험을 진행하기 때문에 기존 신약개발보다 기간과 비용을 대폭 줄일 수 있다. 약효 지속성 의약품의 임상시험은 약물이 일정하게 방출되도록 하는 것이 핵심이기 때문에 대부분 임상 1상에서 성공 여부가 판가름이 난다. 예를 들어 1개월 지속성 치매 치료제의 경우 1회 투여 후 혈액에서 1개월간 약효가 유지되는 것을 임상 1상에서 확인할 수 있다. 따라서 하루에 한 번씩 먹는 경구제 30회 투약 후와 1회 투여 약효 지속성 의약품의 혈중 농도를 비교해보면 성공 여부를 쉽게 알 수 있다.

두 번째 전략은 오리지널 신약 기업에 약효 지속성 기술을 적용할 것을 먼저 제안하는 방법이다. 오리지널 신약 기업 입장에서는 약효 지속성 기술을 적용할 경우 오리지널 신약의 특허 기간을 연장할 수 있기 때문에 딱히 마다할 이유도 없다. 일종의 에버그리닝 전략의 하나로 약효 지속성 기술을 구사하는 것이다. 결과적으로 약효 지속성 기술은 오리지널 신약 기업과 약효 지속성 기술 기업의 경쟁이 될 수도, 상생이 될 수도 있다.

국내 바이오기업 지투지바이오는 약효 지속성 기술을 이용한 치매 치료제를 개발 중이다. 현재 시판 중인 대부분의 치매 치료제는 하루에 한두 번 약을 먹거나 피부에 붙이는 방식이다. 그런데 치매 환자들은 기억이 가물가물해서 약을 먹는 것을 곧잘 잊어버리곤 한다. 지투지바이오는 이런 이유 때문에 치매 치료제의 효과가 제대로 나타나지 못한다고 판단해서 치매 치료제를 한 번만 투여하면 한 달 동안 약효가 지속되도록 하는 치료제를 개발하고 있다. 또 다른 바이오기업 펩트론은 파킨슨병 치료제를 2주에 한 번 투여할 수 있도록 하는 약효 지속성 기술을 적용한 치료제를 개발하고 있다.

치매 치료제나 파킨슨병 치료제 이외에도 다양한 질병에 대한 약효 지속성 연구가 전 세계적으로 진행되고 있다. 약효 지속성 기술은 한 달에 한 번 정도만 주사를 맞으면 된다는 점에서 환자의 편의가 매우 높다고 볼 수 있다. 그런데 국내의 경우 약효 지속성 연구개발에 몇 가지 개선해야 할 점도 있다. 그 가운데 대표적인 것이 기존 약에 약효 지속성 기술을 적용한 바이오베터 약값이 합성 신약의 복제약인 제네릭과 별 차이가 없다는 점이다. 오리지널 신약의 특허권 기간이 끝나면 제네릭이 쏟아져 나온다. 제네릭의 약값은 보통 오리지널 신약의 50퍼센트 이하로 저렴하다. 그래야 오리지널 신약과 경쟁해서 시장에서 팔릴 수 있기 때문이다. 바이오베터는 오리지널 신약의 연장선이라고 볼 수 있기 때문에 제네릭처럼 약값을 낮게 책정하면 수익을 내기 힘들다고 업계 관계자들은 토로한다. 현실적으로는 약효 지속성을 적용한 바이오베터를 만드는 데 드는 임상시험 비용 등을 충당해야 하는 문제도 있다. 물론 이 비용은 오리지널 신약을 개발하는 것보다는 훨씬 저렴하지만 말이다.

현실이 이렇다 보니 약효 지속성 기술 기업 대부분은 구태여 국내에서 바이오베터를 개발할 필요가 있는지 모르겠다고 토로한다. 힘들게 임상시험 과정을 거쳐 바이오베터를 만들어도 제네릭과 약값에서 큰 차이가 없다면, 제네릭을 만드는 것이 회사의 수익 구조로 보면 더 낫다는 얘기다. 제네릭은 일반적으로 오리지널 신약과 생물학적 동등성 시험을 통해 동등성을 입증하면 된다. 생물학적 동등성 시험은 환자가 아닌 일반인을 대상으로 오리지널 신약과 제네릭을 복용한 뒤 혈액 검사를 통하여 혈중 농도와 조직에 도달하는 정도를 비교하는 등 신체 반응을 살펴보는 방식으로 진행된다. 바이오베터의 경우에도 생물학적 동등성 시험으로 진행할 수 있지만, 대부분 환자를 대상으로 임상시험을 진행한다.

일반적으로 바이오베터의 임상시험 비용이 제네릭보다 훨씬 많이 들어간다. 그래서 미국에서는 바이오베터의 약값이 통상적으로 제네릭보다 훨씬 비싸게 책정된다. 하지만 국내의 경우에는 바이오베터를 개발해도 제네릭보다 기껏해야 1.2배 정도 비싸게 약값을 매길 수 있다고 한다. 바이오 업계는 이렇게 두 나라의 바이오베터 약값이 차이가 나는 것은 의료보험 정책 영향도 있다고 말한다. 사보험 위주인 미국과 달리 국가 주도인 한국에서는 건강보험 재정 악화 등의 이유로 약값을 높게 책정하는 것이 상대적으로 어렵다는 것이다. 따라서 국내에서 바이오베터를 개발할 경우 약값을 얼마에 책정하는 것이 기업의 수익성과 환자의 비용 부담에 합당한지를 관련 당국과 기업들이 머리를 맞대고 논의해볼 문제다.

생체 에너지를 넘어
미토콘드리아

필자는 18층 높이 건물의 17층에 거주한다. 다소 높은 층에 살다 보니 창문을 통해 보는 바깥 풍경의 재미가 쏠쏠하다. 여기에 더해 한 가지 더 좋은 점이 있는데, 겨울에도 실내 온도가 28~30도를 유지한다는 것이다. 아마도 태양열을 종일 받는 옥상과 가깝기 때문일 것이다. 중앙에서 일괄적으로 난방을 조절하지 않고 세대별로 난방을 조절하는데, 겨울에도 실내 온도가 높다 보니 딱히 난방을 할 필요가 없다. 그래서 관리비 고지서를 보면 겨울에도 난방 비용이 거의 나오지 않는다. 문제는 여름이다. 겨울에도 30도 안팎을 유지하다 보니 여름에는 최하 온도가 30도인 경우가 빈번하다. 특히 7월~8월에는 30도를 넘는 경우가 대부분이어서, 에어컨을 켜지 않으면 밤에 잠을 잘 수가 없다.

이 글을 쓰는 2021년 7월에는 전 세계적으로 기록적인 무더위가 찾아왔다. 이른바 고온 건조한 대기가 하늘을 덮으면서 열기가 빠져 나가지 못하는 열돔 현상이 한반도뿐만 아니라 전 세계를 강타했다. 전국적으로 에어컨 사용량이 크게 늘면서 전력 사용량은 연일 최고 치를 경신했고, 전력 예비량이 10퍼센트를 간신히 유지했다. 전력 예비량은 통상 10퍼센트 이상을 유지해야 발전기 고장 등의 돌발 상황에 대비할 수 있다.

인간 사회가 원활히 돌아가기 위해서는 전력이 중요한 것처럼 사람이 활동하는 데에도 전력, 즉 에너지가 필요하다. 생명체의 경우 에너지 공급원의 역할은 미토콘드리아mitochondria가 담당한다. 미토콘드리아는 세포 안에 존재하는 소기관의 일종으로, 보통 하나의 세포 안에 100개 이내로 존재한다. 미토콘드리아의 주요 기능은 우리가 섭취한 포도당을 이용해서 생체 에너지인 ATPadenosine triphosphate를 만든다. 비유하자면 미토콘드리아가 일종의 발전소이고, 생체 에너지인 ATP가 전기인 셈이다. 미토콘드리아가 세포의 에너지를 생산하는 발전소라는 점은 익히 알려진 사실로, 생물 교과서에도 나오는 내용이다. 그런데 최근 10년 사이에 미토콘드리아 연구의 획기적인 이정표가 세워졌다. 이제부터는 미토콘드리아의 놀라운 기능과 이를 바탕으로 한 미토콘드리아 의과학에 대해서 자세히 살펴보겠다.

ATP의 화학 구조를 살펴보면 DNA를 구성하는 4개의 염기 가운데 하나인 아데노신에 인산기 3개가 나란히 붙어 있는 형태다. 참고로 DNA를 구성하는 4개의 염기는 아데노신adenosine, 티민thymine,

구아닌guanine, 사이토신cytosine이다. 미토콘드리아는 ATP를 합성할 때 우리가 호흡한 산소를 이용한다. 구체적으로 ATP를 만드는 과정에서 산소는 전자를 전달하는 데 쓰인다. 미토콘드리아가 ATP 합성에 쓰고 남은 산소는 세포 안에서 활성산소reactive oxygen species, ROS의 형태로 축적된다. 우리 몸에 존재하는 세포에서 생성되는 활성산소의 90퍼센트 이상은 미토콘드리아 안에서 만들어진다. 활성산소는 통상 미토콘드리아 내에 1~2퍼센트 정도 자동으로 생성되는데, 미토콘드리아가 정상적으로 작동할 때에는 이정도 규모의 활성산소는 전혀 문제가 되지 않는다. 하지만 미토콘드리아 내의 활성산소가 필요 이상으로 과다하게 생성되면 미토콘드리아가 제 기능을 수행하지 못해 결과적으로 생체 에너지인 ATP를 원활하게 만들지 못한다. 바로 이 지점에서 우리 몸에 다양한 문제가 발생한다.

다음과 같은 예를 들어보자. 우리 몸의 세포 가운데 뇌를 구성하는 신경세포, 심장을 이루는 심근세포, 배뇨 기능을 수행하는 신장세포 그리고 눈의 망막세포는 각기 다른 기능을 수행한다. 하지만 이들 세포는 사멸하면 다시 만들어지지 않는다는 공통점이 있다. '꿀밤을 맞으면 머리 나빠진다'는 말이 전혀 근거 없는 얘기가 아니라는 것이다. 꿀밤을 맞으면 뇌 신경세포가 일정 부분 죽는데, 한번 죽은 신경세포는 재생이 안 되니 그 수가 줄어들 수밖에 없다. 신경세포 숫자가 점점 줄어들면 당연히 인지 기능이 떨어질 것이다.

이들 세포의 또 다른 공통점은 살아 있을 때 많은 일을 한다는 것이다. 신경세포는 잘 때 빼고는 온종일 머리를 쓰게 한다. 심근세포는 잘 때도 심장을 뛰게 한다. 이들 세포는 사실상 밤낮을 가리지 않고 일을 하는 셈이다. 세포가 일을 하려면 생체 에너지인 ATP가 필요하다. 그런데 미토콘드리아가 ATP를 만들지 못하면 세포는 제 기능을 하지 못해 결국 죽는다. 그리고 이렇게 죽은 세포들이 쌓이게 되면 조직 괴사가 일어난다.

최근 바이오 분야에서는 미토콘드리아 내부의 활성산소를 다루는 물질 개발이 혁신 신약이 될 잠재력이 충분하다고 말한다. 뇌와 심장, 신장, 망막과 관련한 질환의 주요 원인 가운데 하나를 미토콘리아의 비정상 때문이라고 판단하고 있는 것이다. 방금 언급한 세포들이 죽는 직접적인 원인이 ATP이지만, 일반 세포들도 ATP가 없으면 죽는다. 이런 측면에서 ATP 부족, 즉 미토콘드리아의 비정상은 거의 모든 질병과 직간접적으로 연관돼 있다고 볼 수 있다. 이 말은 바꿔 말하면 만약 미토콘드리아 내의 활성산소를 다루는 신약을 개발할 경우 적용할 수 있는 질병이 상대적으로 많기 때문에 개발사의 입장에서는 비용과 시간을 들여 투자할 만한 매력이 충분하다는 얘기다.

현재 항산화 물질로 판매하고 있는 건강기능식품은 대부분 미토콘드리아 내부의 활성산소를 조절하지 못한다. 미토콘드리아 내부는 마이너스 차지를 띠고 있다. 그런데 건강기능식품 대부분이 플러스 차지를 띠고 있지 않기 때문에 미토콘드리아 내부로 들어오지 못하는 것이다. 따라서 전 세계적으로 미토콘드리아 내부의 활성산소를 조절하기 위해 항산화 물질에 플러스 차지 물질을 붙이는 연구가 활발하게 진행되고 있다. 해외에서는 이미 임상 3상이 진행되고 있으며, 국내에서도 임상시험 진입을 목표로 연구에 매진하고 있다. 흥미로운 점은 국내 기업 미토이뮨테라퓨틱스가 플러스 차지 전달체와는 다른 방식의 독자적인 물질을 개발 중이라는 것이다. 이 물질은 수면 호르몬으로 알려져 있는 멜라토닌과 구조가 비슷하다. 멜라토닌은 불면증 치료제로 익히 알려져 있지만 최근 활성산소를 조절한다는 것이 새롭게 밝혀졌다.

활성산소가 미토콘드리아에 축적되면 다양한 질병을 일으킬 수 있지만, 그렇다고 해서 활성산소가 인체에 나쁜 영향만 끼치는 것은 아니다. 활성산소는 체내에서 2차 전달물질 역할을 한다. 세포는 인접한 세포와 끊임없이 신호를 주고받으며 소통한다. 그런데 우리가 말을 하면 소리가 공기를 통해 전달되는 것처럼 세포가 소통할 때에도 공기와 같은 역할을 하는 물질이 필요하다. 그것이 바로 활성산소다. 그러니까 활성산소가 우리 몸에 아예 없다면 세포는 서로 소통할 수가 없다. 이런 매개체의 역할을 하는 것을 통상 2차 전달물질이라고 한다.

칼슘은 활성산소와 더불어 대표적인 2차 전달물질이다. 칼슘은 세포 안에서 소기관인 ER에 주로 저장돼 있다가 방출된다. ER에서 방출된 칼슘 일부는 미토콘드리아 내부로 흡수된다. 미토콘드리아는 칼슘을 저장하는 저수지 역할도 하는데, 문제는 필요 이상의 칼슘이 미토콘드리아에 쌓이면 칼슘 이온이 활성산소의 양을 늘린다는 것이다. 2010년 미토콘드리아에 칼슘이 들어오는 채널이 존재한다는 것이 규명된 이후, 미토콘드리아와 칼슘 연구가 폭발적으로 이뤄졌다. 미토콘드리아에 존재하는 칼슘 채널은 미토콘드리아 칼슘 유니포터mitochondrial calcium uniporter, MCU라고 한다. 유니포터는 채널이 일방통행이라는 뜻이다. 특이하게도 칼슘 이온은 미토콘드리아 내부로 들어가기만 하지, 밖으로 나오지는 않는다. MCU의 존재가 규명되면서 최근 바이오 분야에서는 MCU 차단 물질 연구개발이 뜨고 있다. MCU를 차단하면 미토콘드리아 내부로 칼슘 이온의 흡입을 막아 다량의 활성산소가 생성되는 것을 방지할 수 있기 때문이다.

내가 원하는 유전자만 잘라낸다
크리스퍼 유전자 가위

코로나19 바이러스는 사스 코로나바이러스-2가 일으키는 바이러스성 감염 질환이다. 한국에서는 코로나19 바이러스라고 하지만, 정식 명칭은 사스 코로나바이러스-2이다. 사스 코로나바이러스-2라고 명명한 이유는 이 바이러스가 2001년 발생한 사스 코로나바이러스와 유전적으로 90퍼센트 가까이 일치하기 때문이다. 과학계는 애초 박쥐의 몸속에 살던 사스 코로나바이러스-2가 중간매개 동물을 거쳐 인간마저 감염하는 능력을 획득한 것으로 보고 있다. 중간매개 동물로는 중국인들이 보양식으로 즐겨 먹는 멸종위기종인 천산갑이 가장 유력하다. 사스 코로나바이러스-2는 박쥐와 천산갑, 인간 등 동물을 숙주로 감염하는데, 이런 바이러스를 동물 바이러스라고 한다. 그런데 바이러스에는 식물을 감염하는 식물 바이러스, 세균을 감염하는 세균 바이러스도 있다. 인간이 바이러스에 감염되면 체내에 침입한 바이러스를 죽이기 위해 면역계를 작동하는 것처럼 세균도 자신에게 들어온 바이러스를 죽이기 위해 일종의 방어 체계를 작동시킨다.

미국 UC 버클리대학의 제니퍼 다우드나와 독일 막스플랑크연구소의 에마뉴엘 사르팡티에는 세균의 바이러스 방어 체계와 관련해 흥미로운 사실을 밝혀냈다. 세균이 크리스퍼-캐스9Crispr-Cas9이라는 절단 효소를 이용해 자신을 감염한 바이러스 유전자를 절단한다는 것을 발견한 것이다. 하지만 다우드나와 사르팡티에는 크리스퍼-캐스9이 감염된 바이러스의 유전자를 절단하는 정도로만 생각했지, 진핵세포의 유전자까지 절단할 수 있을 거라고는 생각하지 못했다. 진핵세포eukaryote는 DNA를 보관하는 핵nucleus이 있는 세포로, 세균과 남조류를 제외한 동식물의 세포를 말한다. 반면 세균은 핵이 없기 때문에 원핵세포prokaryote로 분류된다. 세포는 핵이 없는 원핵세포에서 핵을 보유한 진핵세포로 진화했다. 다우드나와 사르팡티에는 진화적으로 더 원시적인 세균의 크리스퍼-캐스9 시스템이 진핵세포에서는 작동하지 않을 것으로 추정한 것이다.

그런데 한국 과학자 김진수는 크리스퍼-캐스9을 잘만 이용하면 진핵

제니퍼 다우드나

세포의 유전자도 절단할 수 있을 것으로 추정했다. 그리고 실제로 크리스퍼-캐스9을 이용해 진핵세포의 유전자도 절단할 수 있다는 것을 규명했다. 비슷한 시기에 미국 브로드 연구소Broad Institute의 평장도 크리스퍼-캐스9이 진핵세포에서 유전자를 절단할 수 있다는 것을 규명했다. 김진수와 평장은 몇 개월 차이로 이와 관련한 특허를 각각 출원했다.

다우드나와 사르팡티에는 크리스퍼-캐스9을 처음 규명한 공로를 인정받아 2020년 노벨 화학상을 수상했다. 노벨상은 어떤 사실이나 원리를 최초로 발견하거나 규명한 과학자에게 수상하기 때문에 안타깝게도 김진수와 평장은 2020년도 노벨상 수상에서 제외됐다.

이제부터는 크리스퍼 유전자 가위란 무엇이며, 이를 응용하면 어떤 연구가 가능한지 구체적으로 살펴보겠다. 크리스퍼-캐스9은 이름에서 알 수 있듯이 크리스퍼와 캐스9으로 구성돼 있다. 크리스퍼는 안내 역할을 하는 짧은 RNA 조각을 말하며, 캐스9은 실제로 유전자를 잘라내는 절단 단백질(효소)을 말한다. 우리가 절단하려고 하는 목표 유전자를 A라고 가정해보자. 먼저 A 유전자와 상보적으로 결합하는 크리스퍼 RNA를 만든다. 상보적으로 결합한다는 말은 크리스퍼 RNA가 A 유전자와 결합해 A 유전자를 꽉 붙들고 있다는 뜻이다. 크리스퍼 RNA가 목표 유전자와 결합해 붙들고 있으면, 캐스9 단백질이 목표 유전자를 싹둑 잘라낸다.

유전자를 가위로 오려내듯이 잘라 낸다는 점 때문에 크리스퍼-캐스9은 일명 '크리스퍼 유전자 가위'라고도 한다. 유전자 가위의 정식 명칭은 유전자 편집genome editing이지만, 김진수가 유전자 가위로 명명한 뒤로 통상 유전자 가위로 불리고 있다. 유전자 가위는 이용 방법에 따라 표적으로 하는 유전자만 잘라낼 수도 있고, 표적 유전 자를 잘라낸 뒤 우리가 원하는 유전자로 교체할 수도 있다.

크리스퍼 유전자 가위는 유전자 가위 분야의 3세대 기술이다. 1세대 유전자 가위는 징크 핑거zinc finger이며, 2세대 유전자 가위는 탈 렌talen이다. 유전자 가위는 1세대에서 시작해 2세대를 거쳐 3세대로 갈수록 정확성이 더 높아지고 부작용은 낮아졌다. 유전자 가위에서 말하는 부작용이란 우리가 목표로 하는 유전자 이외에 다른 유전자 를 잘라낼 위험을 말한다. 물론 3세대 크리스퍼 유전자 가위도 표적 유전자 이외 다른 유전자를 잘라낼 위험이 여전하지만, 1세대나 2세 대 유전자 가위보다는 현저히 낮아졌다.

크리스퍼 유전자 가위는 내가 원하는 유전자만 콕 집어서 잘라 낼 수 있다는 점에서 사실상 응용 분야가 무궁무진하다. 가장 대표 적인 분야는 질병을 치료하는 신약개발이다. 만약 크리스퍼 유전자 가위를 이용해 질병을 일으키는 A 유전자를 잘라낼 수 있다면 해당 질병을 치료하는 가장 확실한 방법이 될 수 있기 때문이다.

샤르코 마리 투스 질환은 1886년 프랑스인 장 마르탱 샤르코와 피에르 마리, 영국인 하워드 헨리투스가 처음 보고한 희소 유전질환 으로, 이들의 이름을 따 명명했다. 이 질병은 유전자 이상으로 손과 발 근육의 위축과 변형이 발생하며 대략 2,000명 가운데 1명꼴로 발 병하는 것으로 알려졌다. 사르코 마리 투스는 특정 유전자가 질병을 일으키는 유전질환이다. 따라서 크리스퍼 유전자 가위를 이용해 사르코 마리 투스 질환의 원인 유전자를 잘라낸다면 이 질병을 치료하는 신약이 될 수 있다.

황반변성은 눈의 안쪽 망막 중심부에 있는 황반부에 변화가 생겨 시력장애가 생기는 질환이다. 황반변성은 크게 망막의 광수용체와 세포들이 죽는 건성 황반변성과 황반 아래에서 새 혈관이 자라는 습성 황반변성으로 나뉜다. 따라서 크리스퍼 유전자 가위를 이용해 혈관 생성을 억제할 수 있다면 습성 황반변성의 치료제가 될 수 있다. 현재 혈관 생성을 억제하는 방식의 치료제가 있지만, 4주~8주 간격으로 환자의 눈에 직접 주사를 놓아야 해서 환자에게 큰 불편이 따른다. 이런 불편함을 해소하기 위해 혈관 생성과 관련한 유전자를 크리스퍼 유전자 가위로 없애는 연구가 진행되고 있다.

면역세포 치료제로 불리는 CAR-T의 단점 가운데 하나는 면역물질인 사이토카인을 과다하게 분비하는 사이토카인 폭풍으로 인해 염증 반응이 일어나는 것이다. 여기에 착안해 과학자들은 사이토카인을 과다하게 분비하지 못하도록 크리스퍼 유전자 가위로 CAR-T의 유전자를 조정하는 연구도 진행하고 있다.

이외에도 크리스퍼 유전자 가위를 이용한 질병 치료 연구는 전 세계적으로 봇물 터지듯 진행되고 있다. 그러나 아직 미국 FDA의 승인을 받은 신약은 없다. 1세대 유전자 가위나 2세대 유전자 가위로 임상 3상을 진행하는 해외 연구그룹은 많지만, 3세대 크리스퍼 유전자 가위의 경우에는 해외에서도 임상 1상이 가장 빠른 실정이다. 이는 신약을 기다리는 환자의 입장에서는 진행 과정이 더디게 생각되겠지만, 크리스퍼 유전자 가위를 연구하는 국내 그룹과 해외 그룹의 격차가 크지 않다는 점에서 우리에게는 오히려 기회가 될 수 있다. 국내 바이오기업 툴젠은 크리스퍼 유전자 가위를 이용한 신약 개발 동물실험을 진행하고 있으며, 곧 임상시험에 진입할 예정이다.

크리스퍼 유전자 가위의 또 다른 응용 분야는 식품이다. 우리가 흔히 GMOgenetically modified organism라고 부르는 유전자 변형 생물은 다른 생물의 특정 유전자를 넣은 것을 말한다. 예를 들어 GM 연어는 성장을 촉진하는 외래 유전자를 연어 유전자에 삽입한 것이다. 이렇게 원래 생물의 유전자가 아닌 외래 유전자를 넣어 식품으로 만들면 GMO로 간주돼 대부분 국가에서 거부된다. GMO의 종주국이라고 할 수 있는 미국은 예외지만, 유럽에서는 GMO가 통용되지 않고, 우리나라도 유럽과 비슷한 입장이다. 그런데 유전자 가위를 이용하면 외래 유전자를 삽입하지 않으면서 유전자를 조작할 수 있다.

하이올레인 콩을 예로 들어보자. 하이올레인 콩은 유전자 가위를 이용해 콩 안의 올레인산oleic acid이 많이 만들어지도록 조작한 콩을 말한다. 콩 유전자 가운데 올레인산 생산을 저해하는 유전자를 유전자 가위로 잘라낸 것이다. 하이올레인 콩을 짜면 올리브유와 거의 비슷한 품질의 기름을 얻을 수 있다. 하이올레인 콩은 유전자를 조작했지만, 외래 유전자를 도입하지 않았기 때문에 GMO가 아니다. 따라서 상품성이 뛰어난 데다 GMO 논란도 없는 농산물 개발에 성공한다면 천문학적인 수익을 낼 수 있을 것이다.

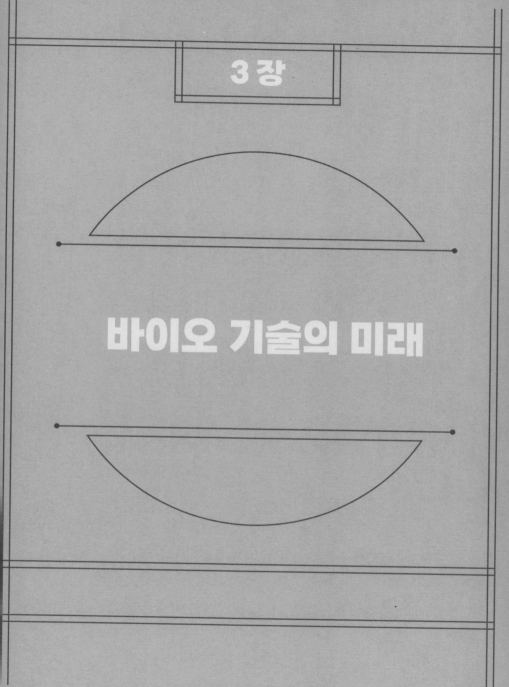

3장

바이오 기술의 미래

유전자 빅데이터 맞춤 의학

2001년은 필자가 대학을 졸업한 해이자, 사회생활에 첫발을 내디딘 매우 뜻깊은 해이다. 여기에 더해 2001년은 바이오 분야에서 기념비적인 해로 기록됐다. 바로 인간 유전체 프로젝트Human Genome Project 초안이 완성됐기 때문이다.

인간 유전체 프로젝트는 인간 유전자 전체의 염기서열을 분석해, 염기가 어떤 순서로 배열됐는지를 규명하려는 국제 프로젝트이다. 인간 DNA의 기본 단위 물질인 뉴클레오타이드nucleotide는 아데닌, 티민, 구아닌, 사이토신 등 4개의 염기 가운데 하나를 가지고 있다. 그리고 이러한 뉴클레오타이드가 쭉 연결된 것이 DNA이다. 인간의 DNA에는 대략 30억 개의 뉴클레오타이드가 연결돼 있다. 따라서 유전자의 염기서열을 분석한다는 것은 30억 개의 뉴클레오타이드가 각각 지니고 있는 아데닌, 티민, 구아닌, 사이토신이 어떤 순서

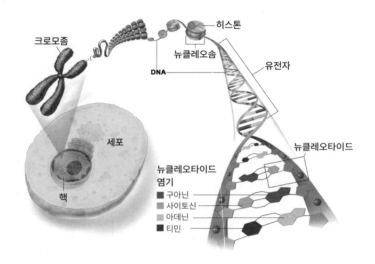

로 배열돼 있는지를 알아본다는 얘기다. 과학자들이 DNA의 염기서열을 분석하는 이유는 특정 유전자의 염기서열을 알아내고, 이를 통해 질병을 일으키는 유전자를 알아내기 위해서다.

2001년 초안이 완성된 인간 유전체 프로젝트는 2003년 완성됐다. 인간 유전체 프로젝트를 통해 인간 유전자의 염기서열은 규명됐고, 인간의 DNA가 대략 2만여 개가 조금 넘는 유전자로 구성돼 있다는 것도 밝혀냈다. 여기서 말하는 인간 유전체의 염기서열은 프로젝트에 참여한 국가별로 할당된 인간 유전자를 모아 하나로 완성한 것으로, 특정 인간의 유전체를 완전히 분석했다는 의미는 아니다.

특정 인간의 유전자 전체가 해독된 것은 이로부터 훨씬 뒤의 일이다. 개인별 유전자는 사람마다 다르기 때문에 개개인의 유전자 분석을 통해 본인의 유전자 염기서열을 알 수 있다. 인간 유전체 프로젝트에 1조 원이 넘는 돈이 투입됐지만, 현재 바이오 기술로 한 사람의 유전자 전체를 해독하는 데에는 100만 원도 채 들지 않는다.

인간 유전체 프로젝트가 완성된 이후 과학자들은 인간 유전자의 비밀을 규명한 만큼, 인류의 질병 퇴치가 이전과는 비교할 수 없을 정도로 가속화할 것으로 기대했다. 인간 유전체 프로젝트가 완성된 지 대략 18년이 지난 2021년 현재 기준에서 봤을 때 과학자들의 기대는 어느 정도 실현됐을까? 결론부터 말하면 현재 질병 퇴치 수준은 절반에도 미치지 못하고 있다. 그렇다면 1953년 제임스 왓슨과 프랜시스 크릭이 DNA 구조를 규명한 이후 분자생물학의 최대 성과로 불리는 인간 유전체 프로젝트는 왜 만족할 만한 결과로 이어지지 못한 걸까?

생물학에서 유전정보의 흐름은 DNA에서 출발해 RNA를 거쳐 단백질로 이어진다. DNA는 일종의 청사진이고 체내에서 실제 일을 하는 일꾼은 단백질이다. 따라서 특정 유전자가 체내에서 무슨 일을 하는지까지 규명해내야 비로소 질병 치료에 응용할 수 있다. 그런데 인간 유전체 프로젝트의 목적은 인간의 유전자 전체, 즉 DNA의 유전정보인 염기서열을 분석하는 것이었다. 다시 말해, 유전자의 염기서열을 분석한 것이지 어떤 유전자가 무슨 기능을 담당하는지는 밝혀내지 않았다는 것이다. 그래서 인간 유전체 프로젝트 이후 기능유전학^{funtional genomics}이라는 연구 분야가 태동했다.

기능유전학은 그 명칭에서 알 수 있듯이 유전자의 기능을 알아내는 연구 분야다. 즉, 2만여 개가 넘는 인간의 유전자 각각이 체내에서 무슨 일을 하는지 규명하겠다는 것이다. 기능유전학의 태동은 유전자의 염기서열을 분석하는 것만으로는 질병 치료에 충분하지 않다는 것을 방증한다. 기능유전학의 태동 이후 프로테오믹스proteomics라는 분야가 등장했다. 프로테오믹스는 프로틴, 즉 단백질의 기능을 분석하는 연구 분야다. 하나의 단백질은 그 유전정보를 담고 있는 유전자와 정확히 1대 1 매칭이 되기 때문에 기능유전학과 프로테오믹스는 연구 내용이 거의 유사하다. 그런데도 불구하고 과학자들이 단백질 연구에 매진하는 이유는 단백질이 체내에서 일을 하는 실제 일꾼이기 때문이다.

어떤 질병을 일으키는 원인 유전자 A를 찾았다고 가정해보자. 질병을 예방하거나 치료하기 위해서는 수많은 방법이 있지만 아주 간략하게 말하면 다음과 같은 두 가지 방법을 말할 수 있다. 첫 번째 방법은 유전자 A를 없애 원천적으로 질병의 원인을 제거하는 것이다. 유전자 가위 기술 등이 여기에 해당한다. 두 번째 방법은 A 유전자가 발현된 a 단백질의 기능을 억제하는 것이다. 이 방법에는 항체가 대표적으로 사용된다. a 단백질의 특정 부위에 결합하도록 설계한 항체가 a 단백질에 달라붙게 해서 결과적으로 a 단백질이 제 기능을 하지 못하도록 만드는 것이다. 바이오 분야에서는 이러한 방법으로 혁신 신약이 끊임없이 개발되고 있다.

그런데 여기에서 한 가지 짚고 넘어가야 할 점이 있다. 유전자 가위 치료제든 항체 치료제든 어떤 신약이 개발됐을 때 신약이 모든 환자에게 똑같은 효능을 내지는 않는다는 것이다. 바로 이 지점에서 개인 맞춤형 의학의 필요성이 제기된다. 똑같은 폐 질환을 앓고 있더라도 약에 따라 치료 효과가 좋은 사람도 있고, 효과가 전혀 없는 사람도 있다. 왜 이런 일이 발생하는 걸까? 첫째, 사람마다 유전자가 달라서 폐 질환을 일으키는 원인도 다르다. 따라서 같은 약을 처방해도 효과가 다를 수밖에 없다. 둘째, 우리 몸의 장내 미생물이 약의 효능에 영향을 미친다. 장내 미생물의 종류는 사람마다 다르다. 따라서 같은 약을 먹어도 장내 미생물의 종류에 따라 효과가 좋은 약이 있고, 그렇지 않은 약이 있다.

그렇다면 이런 문제는 어떻게 해결할 수 있을까? 이 책을 처음부터 꼼꼼히 읽어본 독자라면 대략적인 해결 방안이 머리에 떠오를 것이다. 첫 번째 방법은 환자의 유전자 정보를 바탕으로 이미 구축된 유전자 데이터베이스를 활용해 최적의 약을 선별해내는 것이다. 여기서 말하는 유전자 데이터베이스란 수많은 환자의 유전자 정보를 바탕으로 실제 임상에서 처방한 약의 효능을 분석해 이런 유전자를 가진 환자에겐 이런 약이 가장 효능이 좋다는 데이터를 모아 놓은 것을 말한다. 두 번째 방법은 환자의 조직으로 만든 오가노이드를 이용해 기존 약의 효능을 미리 알아본 뒤 최적의 약을 찾아 환자에게 투여하는 것이다.

하지만 개인 맞춤형 의학은 환자 치료에는 이상적이지만 현실적으로는 몇 가지 어려움이 있다. 신약을 개발하는 바이오기업이나 제약사는 개인에게 특화된 맞춤형 약을 개발하지 않으려고 한다. 신약을 개발한다고 할 때 회사의 목표는 상용화를 통한 수익 창출이다. 상용화는 균일한 약을 대량으로 만드는 것을 말한다. 그런데 환자 개개인의 특성에 맞는 약을 개발한다고 하면 특정인만을 위한 약을 만드는 것이기 때문에 약값이 비쌀 수밖에 없다. CAR-T 치료제가 그렇다. CAR-T는 환자에게서 채취한 T-세포를 유전공학적으로 변형해 만들기 때문에 환자 맞춤형일 수밖에 없다. 환자에게는 최적의 효과를 낼 수 있지만, 약값은 5억 원을 훌쩍 넘는다. 약값이 비싼 CAR-T 치료제는 제약사의 중요한 수입원이 되기도 하지만, 너무 비싸기 때문에 많은 환자에게 적용할 수 없다. 이런 측면에서 보면 개인 맞춤형 치료제 개발의 향방은 제약사나 바이오기업의 판단에 달려 있다. 소수의 부자 환자를 겨냥한 고가의 약을 만들 것이냐, 좀 더 저렴한 약으로 일반 대중을 겨냥할 것이냐를 놓고 주판알을 튕겨 보는 것이다. 참고로 글리베라Glybera는 미국 FDA가 승인한 세계 최초의 유전자 치료제였다. 하지만 1회 주사 비용이 10억 원을 넘어 단 한 차례만 환자에게 처방되고 시장에서 사라졌다.

암을 진단하는 새로운 창 액체생검

미국 39대 대통령 지미 카터는 2015년 암 완치 판정을 받았다. 카터는 피부암의 일종인 흑색종을 앓고 있었다. 게다가 흑색종이 뇌와 간까지 전이돼 주치의로부터 살 날이 얼마 남지 않았다는 말까지 들었다. 당시 면역항암제가 개발되지 않았다면 카터는 주치의의 진단처럼 얼마 지나지 않아 세상을 떠났을 것이다.

암 분야에서는 카터에게 원래 발생했던 암인 흑색종을 원발암이라고 하고, 이후 간과 뇌에 번진 암을 전이암이라고 한다. 물론 면역항암제가 전이암 치료에 강력한 무기로 부상하고는 있지만, 전이암은 여전히 암 완치를 어렵게 만드는 높은 장벽이다. 모든 암 치료가 그러하듯이 전이암도 조기에 발견하는 것이 치료의 핵심이다. 좀더 엄밀하게 말해 전이암의 징조를 미리 알 수 있다면, 인류의 암 정복을 보다 앞당길 수 있을 것이다.

통계청 자료를 살펴보면 2019년 국내 사망률 1위는 암으로, 8만 1,947명이 암으로 목숨을 잃었다. 한국인 사망률 1위를 수십 년째 기록할 만큼 암 환자와 가족의 고통과 사회적 비용은 이루 말할 수 없을 정도로 크다. 2018년 기준 암 진료비용은 9조여 원에 달하며, 이는 전체 진료비용인 77조여 원의 11퍼센트에 해당하는 수치다. 주목할 점은 암으로 인한 사망 원인의 90퍼센트가 전이라는 것이다. 전이의 주요 통로는 혈관이며, 면역세포가 이동하는 통로인 림프관을 통해 전이가 일어나기도 한다. 종양 세포가 전이된 것을 전이성 종양이라고 하는데, 기본적으로 원발암 세포와 비슷한 성질을 띤다. 예를 들어 유방암이 폐에 전이되면 전이성 종양은 비정상적인 폐 세포가 아니라 비정상적인 유방 세포로 구성된다. 암은 일단 전이가 일어나면 생존 확률이 크게 줄어든다. 따라서 암 치료에서 중요한 것은 전이가 일어나기 전에 치료를 완료하거나 초기에 전이를 진단해 내는 것이다.

현재 암 진단의 대부분은 조직 검사를 통해서 이뤄지고 있다. 조직생검tissue biopsy은 암이 발생한 조직에 직접 바늘을 꽂아서 암 조직을 떼어내 검사하는 방법이다. 이 방법은 환자의 몸에 바늘을 찌르기 때문에 환자에게 고통이 따르고 조기 진단이 어렵다는 단점이 있다. 이러한 조직생검의 단점을 극복하기 위해 등장한 것이 액체생검liquid biopsy이다. 액체생검은 환자의 혈액을 뽑아 진단하는 방식으로, 조직생검보다 덜 아프고 절차도 간단해 환자의 편의성이 높다. 또 반복 검사가 가능하고 전이와 재발 위험을 예측할 수 있다는 장점이 있다. 2017년 세계경제포럼은 액체생검 기술을 10대 미래유망 기술로 선정했다. 그렇다면 액체생검을 통해 어떻게 암을 진단할 수 있는 걸까?

첫 번째 방법으로는 순환종양세포circulating tumor cell, CTC가 있다. 우리 혈액 내에는 암 조직에서 유래한 순환종양세포가 떠다닌다. 순환종양세포가 원래 암이 발생한 조직에서 떨어져 나와 혈액을 타고 다른 부위로 이동하면 그곳에 암이 발생하는데, 이것이 바로 전이암이다. 그러니까 순환종양세포는 전이암 발생의 원인이자 전이암을 진단할 수 있는 중요한 생체지표bio marker인 셈이다. 암 환자의 혈액 내에는 아주 소량의 순환종양세포가 존재하기 때문에 혈액 채취를 통해 순환종양세포를 찾아내면 암이나 전이암을 진단할 수 있다.

두 번째 방법으로는 순환종양DNAcirculating tumor DAN, ctDNA가 있다. 순환종양DNA는 암 세포에서 유래한 끊어진 DNA 조각을 말한다. 순환종양세포가 사멸하거나 파괴되면 혈액 내에는 순환종양세포의 DNA가 떠다닌다. 이를 세포 유리cell free 순환종양DNA라고 한다. 순환종양DNA 진단 방식은 혈액 내에 존재하는 세포 유리 DNA를 검출한 다음에 우리가 알고 있는 정상 DNA를 제거해 순환종양DNA가 있는지를 확인하는 방식이다. 순환종양DNA는 암의 DNA를 검출하기 때문에 암의 종합적인 유전정보를 확인할 수 있고, 종양의 현재 상태에 대한 정보를 파악할 수 있다는 것이 장점이다. 다만 순환종양세포와 마찬가지로 혈액 내에 순환종양DNA가 극미량으로 존재하기 때문에 진단의 어려움이 있다. 미국 유전자 분석기업 가

던트헬스Guardant Health는 세계 최초로 혈액에 떠다니는 암세포 유래 DNA를 분석하는 서비스를 시작했다.

세 번째 방법으로는 종양 유래 엑소좀exosome이 있다. 종양 유래 엑소좀은 암세포끼리 주고받는 신호전달물질 가운데 하나다. 종양 유래 엑소좀은 체내에 다량으로 존재한다는 장점이 있지만, 엑소좀이 정상세포에서 유래한 것인지 암세포에서 유래한 것인지 확인하기 어렵다는 단점이 있다.

액체생검 분야에서 가장 주목받고 있는 것은 순환종양세포다. 순환종양세포 안에는 순환종양DNA뿐만 아니라 다양한 단백질과 대사 물질이 포함돼 있기 때문에 순환종양세포를 이용하면 암에 대한 방대한 정보를 얻을 수 있다. 바꿔 말하면 순환종양세포는 암에 대한 분석을 넘어 폭넓은 활용이 가능하다는 얘기다. 문제는 순환종양세포가 혈액 내에 극미량으로 존재하기 때문에 이를 검출하는 것이 쉽지 않다는 데 있다. 1미리리터의 혈액에는 백혈구나 적혈구와 같은 혈구 세포가 대략 5억 개 정도 존재하지만, 순환종양세포는 수 개에서 수십 개만 존재한다. 물론 말기 암 환자의 경우에는 수백 개의 순환종양세포가 존재하지만 우리의 주요 관심은 조기 진단이기 때문에 이 경우는 논외로 하겠다. 따라서 순환종양세포를 이용한 액체생검의 핵심은 극미량의 순환종양세포를 효과적으로 분리하는 데 있다.

그렇다면 순환종양세포를 어떻게 혈액에서 분리해낼 수 있을까? 우선 순환종양세포를 크기에 따라 분리하는 방법이 있다. 이 방법은 순환종양세포가 혈액 내 다른 세포인 백혈구나 적혈구보다 크기가 크다는 데에서 착안했다. 그런데 크기에 따른 분류 방법은 암의 종류에 따라 순환종양세포의 크기가 백혈구나 적혈구와 비슷할 수도 있기 때문에 효율성이 떨어진다는 단점이 있다. 다음 방법으로는 항체를 이용해 순환종양세포를 분리하는 것이다. 암세포는 무한증식하는 특징이 있다. 우리 몸에서 무한증식하는 특성을 띠는 대표적인 세포 가운데 하나가 피부세포다. 일상에서 피부가 긁혔다고 가정해보자. 우리도 모르는 새 긁혔던 피부는 말끔히 치유된다. 바꿔 말하면 피부세포가 쉽게 재생한다는 것이고, 쉽게 재생한다는 말은 세포가 증식을 잘한다는 것이다. 그래서 암은 피부세포에서 주로 발생한다. 따라서 암으로 변한 피부세포에서 특이적으로 발현하는 단백질, 즉 항원을 표적으로 한 항체를 이용해 순환종양세포를 분리하는 방법이다. 한 가지 단점은 항체의 표적인 항원이 순환종양세포에서 특이적으로 발현할 것으로 추정된다는 것이지, 순환종양세포에서만 나타나는 항원이라고 확정할 수 없다는 점이다. 따라서 항체를 이용해 걸러낸다고 하더라도 이 세포가 순환종양세포인지 정상세포인지 100퍼센트 확정해서 말하기 어렵.

이러한 단점을 극복하기 위해 국내 바이오기업 싸이토딕스는 항체를 이용해 1차적으로 걸러낸 세포들을 400배 배율로 확대해 형태morphology로 구분하는 방법을 개발하고 있다. 암세포의 핵은 정상세포의 핵과는 다른 비정상적인 형태를 띠기 때문에 최종 점검 단계로 형태를 이용하는 것이다.

어떤 방법을 이용하든 순환종양세포를 이용한 암 진단의 관건은 혈액 내에 존재하는 아주 적은 양의 순환종양세포를 고순도로 얻어내는 것이다. 싸이토딕스는 최소 5밀리리터에서 최대 30밀리리터의 혈액에서 순환종양세포를 분리해내는 기술을 보유했다. 이렇게 혈액의 양을 달리하는 이유는 암이 어느 정도 진행된 환자의 혈액을 많이 뽑는 것이 부담일 수 있기 때문이다. 참고로 우리가 건강검진을 받을 때 한 번에 뽑는 혈액량은 대략 10밀리리터 정도다. 물론 이 방법도 아직 상용화된 것은 아니다. 적은 양의 혈액에서 순환종양세포를 고순도로 분리하는 방법은 계속 연구가 진행 중이다.

암 진단 이외에도 순환종양세포를 이용하면 환자에게 가장 적합한 약물을 선별할 수 있다. 순환종양세포는 환자의 암 조직에서 떨어져 나온 세포이기 때문에 암 오가노이드처럼 잘 배양하면 환자 맞춤형 항암제를 선별하는 데 활용할 수 있다. 이러한 선별 기술 역시 아직 가야 할 길이 멀지만, 현대 의학의 화두가 개인 맞춤형 치료라는 점에서 성공할 경우 의미하는 바가 크다고 할 수 있다.

액체생검이 유망한 바이오 분야이기는 하지만 몇 가지 한계도 있다. 첫째, 순환종양세포를 100퍼센트 확인할 수 있는 생체지표는 아직 발견되지 않았다는 점이다. 따라서 순환종양세포에만 나타나는 특이적인 생체지표를 발견한다면 순환종양세포를 이용한 액체생검 분야는 비약적으로 발전할 것이다. 둘째, 순환종양세포를 이용하든 순환종양DNA를 이용하든 액체생검을 위해서는 극미량의 검체를 검출해내는 장비가 필요하다는 점이다. 현재는 바이오 기술이 발전해서 이전에는 상상조차 할 수 없었던 극미량의 검체를 검출하는 장비들이 사용되고 있다. 문제는 이런 장비 대부분이 해외에서 개발됐기 때문에 국내 기업들이 액체생검을 진행하기 위해서는 고가의 해외 장비를 수입해야 한다. 국내 바이오 업계가 한 단계 더 도약하기 위해서는 요소요소에 필요한 최적의 장비를 자체 개발해 보유하는 것도 필요하다는 지적이다. 따라서 이미 상용화된 장비를 이용해 최적의 진단 기술을 개발하는 것에 더해 자체적으로 핵심 장비를 개발하는 것도 액체생검 업계의 공통된 숙제라고 할 수 있다.

바이러스의 진화 VS. 기술의 발전
코로나 바이러스

감기는 약을 먹어도 1주일, 안 먹어도 1주일이라는 말이 있다. 이런 말이 도는 이유는 크게 두 가지다. 첫째, 감기는 증상이 약해서 건강한 사람은 특별히 약을 먹지 않아도 1주일 정도 쉬면 자연 치유된다. 둘째, 감기는 감기 바이러스가 일으키는 바이러스성 질환이다. 그런데 우리가 병원에서 처방받는 약은 바이러스를 공략하는 약이 아니라 세균을 대상으로 하는 항생제다. 그러니까 감기약을 아무리 먹어도 감기 바이러스에는 아무런 영향을 미치지 않는다. 여기에서 중요한 것이 감기는 바이러스로 인해 증상이 나타난다는 점이다.

감기를 일으키는 바이러스에는 여러 가지가 있는데, 대표적인 것이 코로나바이러스이다. 2021년 8월 현재까지 인류에게 질병을 일으키는 코로나바이러스는 모두 7종이 보고됐다. 이 가운데 4종의 코로나바이러스가 모두 감기를 일으키는 바이러스였기 때문에 큰 문제가 되지 않았다. 하지만 나머지 3종은 상황이 달랐다. 이들 3종의 코로나바이러스는 출현할 때마다 인류를 위협했다.

인류를 위협한 첫 번째 코로나바이러스는 2002년 중국에서 발생한 사스 코로나바이러스이다. 인류를 위협한 두 번째 코로나바이러스는 2012년 중동에서 발생하고, 2015년 한국 사회를 강타한 메르스 코로나바이러스이다. 그리고 마지막 세 번째 코로나바이러스가 2020년 중국 우한에서 발생해 현재까지 진행 중인 사스 코로나바이러스-2, 즉 코로나19 바이러스이다. 사스와 메르스, 코로나19 바이러스는 모두 베타 코로나바이러스 그룹에 속하며, 유전적으로 상당히 유사하다. 하지만 증상과 전파력에서는 서로 차이가 있다. 치명률은 사스가 가장 강했으며, 전파력은 코로나19가 가장 강한 것으로 추정되고 있다.

사스와 메르스 사태를 겪었는데도 우리는 왜 코로나19 바이러스에 속수무책으로 당할 수밖에 없었을까? 결론부터 말하면 바이러스의 진화 속도를 과학기술의 발전이 따라잡지 못하기 때문이다. 사스와 메르스, 코로나19 바이러스는 모두 신종 바이러스이다. 신종 바이러스는 이전에는 없었던 새로운 바이러스를 말한다. 그럼 신종 바이러스는 어떻게 인간 사회에 등장하게 됐을까? 사스와 메르스, 코로나19 바이러스는 모두 처음에는 박쥐의 몸에서 살았다. 바이러스는 숙주세포가 없으면 생존할 수 없는데, 박쥐의 몸은 특이하게도 바이러스가 생존하기에 최적의 환경을 제공한다. 사스와 메르스, 코로나19 바이러스 이외에도 박쥐의 몸속에는 수백 종의 바이러스가 공생하는 것으로 알려졌다. 그래서 박쥐를 바이러스의 저수지라고도 한다.

바이러스와 공생하는 박쥐가 야생에서 살 때는 아무런 문제가 되지 않았다. 그런데 인간이 박쥐와 오랜 시간 접촉하면서 박쥐 몸속에 살던 바이러스는 인간도 감염할 수 있는 능력을 획득했다. 이 과정에서 바이러스는 박쥐에서 인간으로 바로 숙주세포를 확장하는 것이 아니라 중간매개 동물을 거친다. 사스는 사향 고양이를, 메르스는 중동 낙타를 매개 동물로 삼았다. 코로나19는 현재까지 천산갑이 중간매개 동물로 유력하게 추정되고 있다. 사향 고양이와 중동 낙타, 천산갑은 서로 다른 동물이지만, 인간과 밀접한 관련이 있다. 사향 고양이는 사향이라는 독특한 향기가 난다고 해서 향수나 커피의 원료로 쓰인다. 중동 낙타는 중동인들이 사막을 이동하는 데 활용하는 주요 이동 수단이다. 천산갑은 중국인들이 즐겨 먹는 보양식의 하나다.

이를 종합하면 다음과 같은 시나리오가 가능해진다. 우선 사스와 메르스, 코로나19 등을 일으키는 코로나바이러스는 박쥐의 몸속에서 살고 있었다. 그런데 바이러스를 가진 박쥐가 중간매개 동물과 우연한 기회로 빈번하게 접촉하면서 바이러스는 숙주세포를 중간매개 동물로 확장했다. 바이러스와 공생하는 중간매개 동물은 인간과 자주 접촉을 하는 동물들이다. 어느 순간 중간매개 동물의 몸속에서 살던 바이러스는 인간으로 숙주를 확장했다. 바이러스가 박쥐에서 중간매개 동물, 인간으로 숙주를 확장하기까지는 꽤 오랜 기간이 걸린다. 바이러스의 측면에서는 지금까지 살던 숙주가 아닌 새로운 숙주에 적응해서 살 수 있도록 유전자 돌연변이가 일어나야 하기 때문이다. 문제는 바이러스가 오랜 기간 진화를 통해 숙주세포를 넓혀가는 동안, 인간은 신종 바이러스 감염에 무방비 상태라는 점이다.

바이러스가 박쥐와 중간매개 동물을 감염하는 것은 인간의 측면에서 보면 아무런 문제가 되지 않는다. 다만 중간매개 동물에서 인간으로까지 감염이 확장돼 인간 사회에서 폭발적으로 바이러스 확산이 일어나면 문제가 된다. 특히 신종 바이러스는 인간에게 감염이 일어나기 시작하면 기하급수적으로 다른 사람에게 전염이 일어난다. 인간 면역계가 여태까지 경험하지 못했던 새로운 바이러스에 대항해 싸움을 치를 준비가 아직 충분하지 못하기 때문이다. 이 시점에서는 인간이 바이러스에 대항할 아무런 의학적 방법이 없다. 바이러스에 대항하는 의학적 방법은 백신이나 치료제를 말한다. 하지만 이제까지 신종 바이러스에 대비해 인류가 백신이나 치료제를 미리 만든 사례는 없다. 왜냐하면 어떤 바이러스가 새롭게 출현할지 예측할 수 없기 때문이다.

백신이나 치료제를 개발하는 것은 제약사의 수익과 깊은 관련이 있다. 한때 중남미를 강타했던 지카바이러스는 백신이 개발되지 않았다. 지카바이러스가 중남미 지역에 국한돼 유행했고, 유행 기간도 상대적으로 짧았기 때문이다. 만약 바이오기업이나 제약사가 지카바이러스 백신을 개발 중이었다고 해도 지카바이러스 유행이 끝났기 때문에 개발을 포기해야 했을 것이다. 바이오기업이나 제약사는 독감 바이러스처럼 꾸준히 유행하는 바이러스 백신 이외에는 개발을 하려고 하지 않는다. 독감 바이러스는 매년 유행하기 때문에 백신을 개발해 놓으면 매년 돈을 벌 수 있기 때문이다. 한 마디로 독감 바이러스는 인류에게는 위협이지만, 백신 제조사의 입장에서는 매년 돈을 벌어주는 효자인 셈이다.

그러나 코로나19의 경우에는 상황이 크게 달랐다. 우선 미국과 유럽 등 주요 선진국에서 폭발적으로 환자가 증가했다. 이어 전 세계적으로 확산했으며, 사망자도 속출했다. WHO가 코로나19를 세계적 대유행, 즉 팬데믹으로 선언한 이유다. 미국의 경우 도널드 트럼프가 대통령 재선을 앞두고 정치적 목적에서 코로나19 백신 개발을 독촉한 측면도 있다. 하지만 제약사와 바이오기업 입장에서는 유사 이래 최대의 확진자와 사망자를 내는 코로나19 백신 개발은 거부할 수 없는 미래 수익 창출이었다. 이런 이유가 복합적으로 작용해 많은 제약사와 바이오기업이 코로나19 백신 개발에 나섰고, 1년도 안 된 시점에서 미국 FDA의 긴급사용 승인을 받았다. 백신 개발에 통상 10여 년의 시간이 필요하다는 점을 고려하면, 코로나19 백신 개발은 역사상 가장 빠른 백신 개발로 기록됐다. 이 같은 초고속 백신 개발은 팬데믹이라는 특수한 상황 속에서 백신 개발이 인류의 목숨을 구하는 유일한 방법이라는 절박함이 있었기 때문이기도 하지만, 하루라도 빨리 개발해야 수익을 극대화할 수 있다는 제약사와 바이오기업의 셈법도 작용했을 것이다. 세계 최초로 미국 FDA의 승인을 받은 코로나19 백신을 개발한 화이자는 2021년 한 해에만 44조 원에

mRNA COVID-19 백신의 원리

COVID-19를 일으키는 바이러스 이해하기
COVID-19를 일으키는 것과 같은 코로나바이러스는 표면의 왕관처럼 생긴 스파이크에서 이름이 유래되었는데, 이것을 **스파이크 단백질**이라고 부릅니다. 이 **스파이크 단백질**이 백신의 이상적인 표적입니다.

mRNA란 무엇인가요?
메신저 RNA, 또는 mRNA는 인체에 단백질을 만드는 법을 알려주는 유전 물질입니다.

백신 안에는 무엇이 있나요?
백신은 mRNA가 핵심 성분이며 이것을 쉽게 전달하고 인체가 mRNA를 손상시키지 않도록 외피에 코팅제를 씌워놓았습니다.

백신의 원리는 무엇인가요?
백신에 포함된 mRNA는 인체 세포에 **스파이크 단백질**을 복사하는 법을 가르쳐줍니다. 이후 인체가 진짜 바이러스에 노출되면, 인체는 그것을 알아보고 어떻게 퇴치해야 하는지 알게 됩니다.

인체가 백신에 반응할 때는 경미한 열, 두통 또는 오한이 날 수 있습니다. 이것은 완전히 정상적인 반응이며 백신이 효과가 있다는 신호입니다.

백신에는 어떠한 바이러스도 포함되어 있지 않으며, 따라서 백신 때문에 COVID-19에 걸릴 수는 없습니다. DNA를 바꾸는 일도 절대로 없습니다.

항체

mRNA가 지시를 전달하고 나면 인체 세포는 그것을 분해하고 없애버립니다.

166 167

달하는 매출을 기록했다.

코로나19 팬데믹을 겪으면서 인류는 몇 가지 교훈을 배웠다. 첫째, 코로나19 이후에도 신종 바이러스는 언제든 출현할 수 있다는 점이다. 둘째, 신종 바이러스가 출현할 때 인류가 대항할 수 있는 가장 강력한 방법은 백신이라는 사실이다. 하지만 언제 발생할지도 모를 새로운 바이러스 감염병 백신을 미리 개발할 수는 없다. 그러면 코로나19 바이러스처럼 팬데믹 상황이 돼야만 백신을 개발할 수 있는 걸까? 너무 늦는 것은 아닐까?

한 가지 다행인 점은 코로나19 바이러스를 겪으면서 인류는 mRNA 백신이라는 새로운 백신 개발 플랫폼을 개발했다는 것이다. 백신 개발 플랫폼은 새로운 바이러스가 등장했을 때 그 바이러스의 mRNA 정보만 알고 있으면 바로 백신을 개발할 수 있도록 만든 시스템이다. 이런 측면에서 보면 인류는 코로나19 팬데믹을 겪으면서 값비싼 백신 개발 수업료를 낸 셈이다.

물론 바이러스의 진화 속도가 인류의 기술 발전 속도보다 빠르기 때문에 신종 바이러스가 기존의 백신을 무력화할 가능성도 크다. 만약 이런 상황이 도래한다면 한두 개의 국가나 기업이 대응하기에는 역부족인 것이 사실이다. 따라서 코로나19 팬데믹을 계기로 신종 바이러스에 대비하기 위한 국제사회 공동의 노력이 필요하다.

또 코로나19 백신 개발 과정에서 불거진 백신 제조사의 특허 문제 등을 어떻게 풀어야 할지 역시 고민해야 할 사안이다. 백신을 개발한 기업이 특허를 풀어 후발 개발 기업들도 백신을 빠르게 개발할 수 있도록 해야 한다는 의견이 있는 것이다. 하지만 코로나19 백신을 상용화한 미국 모더나, 미국 화이자, 독일 바이오엔테크, 영국 아스트라제네카, 미국 얀센 등은 코로나19 백신 특허를 푸는 것에 미온적이다. 이유는 간단하다. 후발 백신 개발 기업들이 좀 더 쉽게 코로나19 백신을 개발하면 자신들의 이익이 줄어들기 때문이다. 안타까운 점은 코로나19가 전 지구적인 문제이지만, 기업의 목적은 이익 창출이라는 점에서 백신 개발 기업의 특허 해제 반대를 일방적으로 비난만 할 수도 없다는 것이다. 만약 천문학적인 수익 창출이 보장되지 않는다면 성공보다는 실패 위험이 크고, 오랜 개발 기간과 엄청난 비용이 들어가는 백신 개발에 선뜻 나설 제약사나 바이오기업은 없을 것이기 때문이다. 따라서 코로나19 팬데믹을 계기로 백신 개발사에 적절한 이익을 보전하는 동시에 인류 모두에게 혜택을 줄 수 있는 혁신적인 백신 개발 방법을 국제사회가 공동으로 고민해야 한다는 의견이 힘을 얻고 있다.

백신 개발 플랫폼

코로나19 백신을 개발하는 국내 바이오기업 셀리드의 CEO는 백신 개발 완주 의지를 필자에게 여러 차례 피력했다. 2021년 12월 기준으로 셀리드는 아직 임상 3상에 진입하지 못했다. 화이자, 모더나, 아스트라제네카, 얀센 등이 개발한 백신은 이미 상용화돼 전 세계적으로 사용하고 있다. 해외 기업들이 백신 시장을 선점한 상황이기 때문에 셀리드와 같은 후발 주자들이 시장에 뛰어들기에는 너무 늦었다고 생각할 수 있다. 하지만 셀리드 CEO는 생각이 달랐다. 2022년에 임상 3상을 마치고, 승인을 받아도 충분히 승산이 있다는 설명이었다. 그가 자신감을 나타낸 데에는 나름의 이유가 있었다. 바로 백신 플랫폼 기술이다.

앞장에서 짧게 언급했지만, 백신 플랫폼 기술은 한 마디로 백신을 만드는 기반기술이다. 백신 개발의 핵심은 바이러스의 특정 부위인 항원^{antigen}이다. 항원을 우리 몸에 넣어주면, 인체 면역계는 항원을 공격하는 항체^{antibody}를 생성한다. 또 백신으로 주입한 항원을 기억해뒀다가 나중에 실제로 바이러스에 감염되면 즉각적으로 항체를 만들어 바이러스를 공격한다. 코로나19 백신에 쓰이는 항원은 코로나19 바이러스의 스파이크 부위다. 스파이크는 바이러스의 껍데기 단백질의 하나로, 돌기처럼 뾰족뾰족하게 솟은 모양이다. 코로나19 바이러스는 스파이크를 이용해 인간 세포에 침입한다. 스파이크가 인간 세포막에 있는 ACE2 라는 수용체^{receptor}에 결합하면, 마치 열쇠로 자물쇠를 열듯이 바이러스가 인간 세포 안으로 들어온다. 그래서 스파이크를 항원으로 코로나19 백신을 만들면 나중에 바이러스에 감염돼도 우리 몸이 스파이크를 공격하는 항체를 형성해서 코로나19 바이러스의 세포 침입을 막아준다.

코로나19 백신은 스파이크 부위를 어떤 형태로 만드느냐에 따라 mRNA, 바이러스 벡터, 재조합 단백질로 나눌 수 있다. 저마다 형태는 다르지만 목적은 같다. 모두 체내에 스파이크 단백질을 만들어서 인체 면역계가 이에 대한 항체를 만들고 기억하도록 유도하는 것이다. 재조합 단백질은 단백질 형태로 만들기 때문에 그 자체가 스파이크 단백질이다. 스파이크 mRNA는 세포 안에서 스파이크 단백질로 만들어진다. DNA는 세포 안에서 mRNA를 거쳐 스파이크 단백질로 만들어진다.

여기서 중요한 것이 mRNA와 DNA 항원은 이들을 세포 안으로 전달해야 세포 안에서 단백질이 만들어진다는 점이다. 모든 생명체

바이러스 벡터 COVID-19 백신의 원리

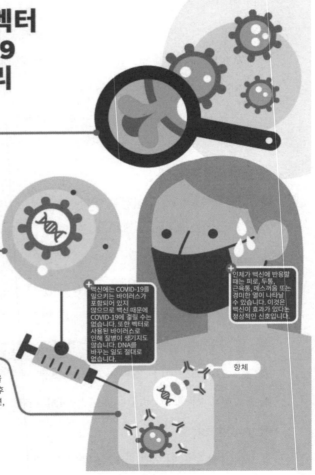

COVID-19를 일으키는 바이러스 이해하기

COVID-19를 일으키는 것과 같은 코로나바이러스는 표면의 왕관처럼 생긴 스파이크에서 이름이 유래되었는데, 이것을 **스파이크 단백질**이라고 부릅니다. 이 **스파이크 단백질**이 백신의 이상적인 표적입니다.

바이러스 벡터 백신은 무엇입니까?

바이러스 벡터 백신은 '벡터'라고 불리는 다른 바이러스의 무해한 버전을 사용하여 인체가 자기를 방어하는 데 도움이 되는 정보를 전달합니다.

백신의 원리는 무엇인가요?

백신은 인체에 **스파이크 단백질**을 복사하는 법을 가르쳐줍니다. 이후 인체가 진짜 바이러스에 노출되면, 인체는 그것을 알아보고 어떻게 퇴치해야 하는지 알게 됩니다.

백신에는 COVID-19를 일으키는 바이러스가 포함되어 있지 않으므로 백신 때문에 COVID-19에 걸릴 수는 없습니다. 또한 벡터로 사용된 바이러스로 인해 질병이 생기지도 않습니다. DNA를 바꾸는 일도 절대로 없습니다.

인체가 백신에 반응할 때는 피로, 두통, 근육통, 메스꺼움 또는 경미한 열이 나타날 수 있습니다. 이것은 백신이 효과가 있다는 정상적인 신호입니다.

항체

는 DNA를 설계도 삼아 세포 안에서 최종 산물인 단백질을 만들며, 중간 단계로 mRNA를 만든다. 단순히 mRNA나 DNA 형태의 항원을 넣어준다고 해서 이들이 저절로 세포 안으로 전달되는 것은 아니다. mRNA는 지질나노입자를 운반체로 이용한다. 지질나노입자는 mRNA가 체내에서 RNA 분해효소로 인해 분해되는 것을 막고, 세포 안까지 mRNA를 전달하는 역할을 한다. DNA는 바이러스 벡터를 운반체로 이용하는데, 바이러스 벡터는 DNA를 세포 안까지 전달하는 역할을 한다. 바이러스 벡터, 즉 운반체의 역할은 인체에 넣어도 해가 없도록 유전자를 조작한 아데노바이러스를 이용한다. 재조합 단백질은 단백질 항원만 넣어주면 체내에서 충분히 항체 생성을 유도할 수가 없다. 그래서 면역 반응을 강하게 유도하는 면역증강제를 함께 사용한다.

이처럼 각각의 항원뿐만 아니라 이를 전달하거나 면역 반응을 일으키는 데 필요한 기술까지 포함한 개념이 백신 플랫폼 기술이다. mRNA 백신 플랫폼 기술은 항원과 지질나노입자, 바이러스 벡터 백신 플랫폼은 항원과 아데노바이러스, 재조합 단백질 백신 플랫폼은 항원과 면역증강제를 포함한다.

백신 개발에서 플랫폼 기술이 중요한 이유는 일단 플랫폼 기술을 확보하면 변이 바이러스나 신종 바이러스가 출현했을 때 대응하는 백신을 개발하기가 수월하기 때문이다. 2021년 12월 코로나19 오미크론omicron 변이가 발생했다. 오미크론 변이는 스파이크 부위에 유전자 변이가 32개나 발생해서 기존 백신을 무력화할 가능성이 큰 것으로 추정됐다. 화이자나 모더나 같은 백신 제조사들은 즉각 오미크론 변이에 대응하는 백신을 개발하겠다고 밝혔다. 이들 기업이 오미크론 변이 백신 개발을 자신 있게 말할 수 있었던 것은 이미 플랫폼 기술을 확보하고 있었기 때문이다. 화이자나 모더나의 백신은 모두 초기 코로나19 바이러스의 스파이크 부위를 항원으로 이용했다. 이 항원을 오미크론 변이 항원으로 대체하면 오미크론 변이 대응 백신을 수월하게 만들 수 있다. 운반체 역할을 하는 지질나노입자는 변함이 없다. 다른 백신 플랫폼인 바이러스 벡터나 재조합 단백질 백신 플랫폼도 원리가 같다. 항원 부분만 오미크론 변이 항원으로 교체하면 된다. 백신 개발 플랫폼 기술을 보유하고 있으면 오미크론 변이뿐만 아니라 코로나19 이후 신종 바이러스가 출현해도 빠르게 백신을 개발할 수 있다.

후발 주자인 셀리드가 코로나19 백신 개발을 완주하려는 이유는 두 가지다. 첫째, 조금 늦더라도 개발에 성공하면 아프리카나 동남아 지역처럼 공급이 저조한 틈새시장을 공략할 수 있다. 기존 백신보다 가격을 조금 낮추면 충분히 경쟁력을 확보할 수 있다는 판단인 것이다. 둘째, 백신 개발에 성공해 백신 플랫폼 기술을 보유하면 다른 신종 바이러스가 출현했을 때 이미 완성해놓은 플랫폼 기술을 이용해서 빠르게 백신을 개발할 수 있다. 따라서 코로나19가 종식돼도 크게 걱정할 필요가 없다. 코로나19 백신 개발을 통해 이후의 신종 바이러스까지 대비할 수 있기 때문이다.

마지막 신비, 뇌
치매 신약

    필자가 초등학교에 다닐 때 미국은 선망의 대상이었다. 미국은 본인의 노력 여하에 따라 얼마든지 성공할 수 있는 기회의 땅이었기 때문이다. 아메리칸 드림을 성취한 수많은 미국인 가운데 필자의 뇌리에 꽃힌 인물은 할리우드 단역 배우로 시작해 대통령에 당선된 로널드 레이건이다. 레이건은 사실 배우로서는 크게 주목을 받지 못했지만 인간관계에 뛰어나고 동료 배우들 사이에서 신망이 두터웠다. 레이건은 1947년 미국노동총연맹 영화배우협회 회장에 당선되면서 정치의 길에 들어섰다. 이후 1967년 미국 캘리포니아주 주지사에 당선되면서 본격적인 정치 행보에 나섰으며, 1981년 대망의 미국 40대 대통령에 당선됐다.

    대선 선거 운동 당시 레이건의 선거 구호는 '미국을 다시 위대하게Make America Great Again'였다. 이 선거 구호는 도널드 트럼프가 2016

년 선거 운동 당시 재사용해 우리에게도 익숙하다. 공화당 출신인 레이건은 일명 '레이거노믹스Reaganomics'로 불리는 경제 정책을 추진해서 전 세계적으로 주목을 받았다. 레이거노믹스는 기업에 대한 정부 규제 완화, 법인세 감세 등으로 요약할 수 있다. 한 마디로 기업이 경영하기 좋은 환경을 만들어주자는 것이다.

하지만 필자가 레이건을 기억하는 것은 유명한 선거 구호나 경제 정책이 아니다. 대통령 퇴임 후 여생을 보내던 레이건은 1994년 본인이 치매에 걸렸다는 사실을 대중에게 공개했다. 당시 유명 인사가 불치병에 걸린 사실을 공개하는 것은 흔치 않은 일이었다. 레이건이 스스로 치매 사실을 공개한 이유는 가족이 자신의 치매로 인해 겪는 고통을 인지하고, 다른 치매 환자와 그 가족들의 고통을 덜

어주기 위해서였다. 1995년 레이건과 부인 낸시는 '알츠하이머 치매 재단'을 설립해 치매 치료제 개발에 지대한 공헌을 했다.

가장 미국적인 대통령으로 불리던 레이건을 무너뜨린 치매는 2021년 현재 시점에도 근원적인 치료제가 사실상 없는 실정이다. 근원적인 치료제가 사실상 없다고 언급한 이유는 2021년 6월 미국 FDA가 미국 바이오젠과 일본 에자이가 공동 개발한 치매 신약을 18년 만에 승인했지만, 효능 논란이 끊이지 않기 때문이다.

바이오젠과 에자이가 공동 개발한 치매 신약은 베타 아밀로이드의 응축을 저해하는 방식으로 작용한다. 베타 아밀로이드는 우리 뇌의 신경세포가 만드는 단백질의 하나다. 베타 아밀로이드가 정상적으로 존재할 때는 아무런 문제가 되지 않지만 뇌 신경세포가 필요 이상으로 베타 아밀로이드를 많이 만들고, 베타 아밀로이드가 서로 응축하면 알츠하이머 치매를 일으키는 것으로 알려졌다. 베타 아밀로이드의 응축이 치매의 원인이라는 것이다. 이처럼 베타 아밀로이드를 치매의 원인으로 보는 것을 '아밀로이드 가설'이라고 한다. 가설이라는 말에서 알 수 있듯이 아밀로이드 가설은 치매의 원인을 설명하는 하나의 가설이지 과학적으로 인과관계가 명확하게 증명된 것은 아니다. 그런데도 베타 아밀로이드는 치매의 주요 원인으로 여겨져 왔고, 전 세계 주요 제약사와 바이오기업은 베타 아밀로이드를 겨냥한 치매 신약을 지난 30년간 개발해왔다. 세계 유수의 제약사들이 베타 아밀로이드를 표적으로 한 신약개발을 진행했지만, 임상 3상에서 모조리 실패했다. 아밀로이드 가설이 흔들리기 시작한 것이다.

이런 와중에 바이오젠과 에자이가 베타 아밀로이드를 표적으로 개발한 치매 신약이 2021년 마침내 미국 FDA의 승인을 획득했다. 그런데 바이오젠과 에자이의 치매 신약은 FDA의 승인 절차부터 논란이 있었다. FDA 자문위원회 위원 절반 이상이 바이오젠과 에자이의 치매 신약후보물질의 효능이 뚜렷하지 않다고 판단했다. 이에 자문위원회는 FDA에 승인 거부를 권고했다. 하지만 FDA는 시판 이후 임상 4상을 통해 효능을 입증하는 조건으로 승인을 밀어붙였다. 임상 4상이란 FDA 승인 이후 환자들이 복용하면서 효능과 부작용 등을 추적 관찰하는 방식의 임상시험을 말한다. 승인 이후라는 점에서 포스트 임상시험이라고도 한다. 이 같은 논란 때문에 비록 바이오젠과 에자이의 치매 신약은 FDA의 승인을 받았지만, 여전히 효능 논란이 끊이지 않고 있는 것이다.

현재 다른 제약사들도 베타 아밀로이드를 표적으로 한 치매 신약을 개발하고 있다. 그 가운데 일라이 릴리는 임상 2상, 로슈는 임상 3상을 진행 중이며, 로슈는 조만간 미국 FDA에 치매 신약 승인을 신청할 것으로 알려졌다. 이 신약이 최종적으로 미국 FDA의 승인을 받을 수 있을지, 이전 사례와 같은 효능 논란에서 벗어날 수 있을지는 또 다른 관전 포인트가 될 것이다.

치매를 일으키는 주요 원인으로 베타 아밀로이드를 지목했지만, 베타 아밀로이드를 표적으로 한 치매 신약이 대부분 실패하거나 효능 논란의 중심에 서게 되자, 과학자들은 치매의 원인을 다른 물질에서 찾기 시작했다. 그 가운데 대표적인 것이 '타우 가설'이다. 타우 단백질 역시 뇌 신경세포가 만드는 단백질 가운데 하나다. 이 가설의 핵심 내용은 잘못 만들어진 변형 타우 단백질이 치매를 일으킨다는 것이다. 타우 단백질을 표적으로 한 다수의 신약개발과 임상시험이 진행되고 있지만 아직 성공한 사례는 없다.

아밀로이드 베타와 타우를 겨냥한 치매 신약개발이 좀처럼 성과를 내지 못하면서 과학계는 치매 원인을 또 다른 데서 찾기 시작했다. 그 가운데 하나는 당뇨병 환자의 70퍼센트 이상이 늙어서 치매를 앓는다는 해외 연구 결과를 근거로 한 당뇨병과 치매 연관성이다. 당뇨병은 크게 1형 당뇨병과 2형 당뇨병으로 나뉘는데, 당뇨병이 치매를 일으킨다고 보는 학자들은 치매를 3형 당뇨병이라고 부른다. 2형 당뇨병은 혈액 내에 있는 포도당을 세포로 이동시켜 체내 혈당량을 낮춰주는 역할을 하는 인슐린이 고장 나서 혈액 내에 과도하게 포도당이 축적돼 발생한다. 이 같은 인슐린의 작용 실패가 뇌 세포에서도 일어나면 치매를 일으킨다는 것이 당뇨병을 치매의 원인으로 보는 과학자들의 주장이다. 하지만 아쉽게도 이 역시 치매를 일으키는 주요 원인이 당뇨병이라는 가설일 뿐, 아직 이를 표적으로 한 신약이 개발되지는 못한 상태다.

과학계에서는 치매 신약개발이 번번이 실패하는 이유를 다음과 같이 분석하고 있다. 첫째, 베타 아밀로이드나 타우가 치매의 원인으로 유력하지만, 치매의 원인이 아니라 치매로 인해 나타나는 증상일 수도 있다. 즉, 아밀로이드나 타우를 겨냥해 개발하는 치매 신약은 근본적인 원인을 치료하는 것이 아닐 수 있다는 얘기다. 둘째, 베타 아밀로이드나 타우가 치매의 원인이 맞더라도, 임상시험 참여자 대부분이 이미 치매가 많이 진행된 중증 환자라서 치료가 되지 않을 수 있다. 셋째, 우리는 아직 치매의 일부만 알고 있기 때문에 치매 신약을 개발하기 위해서는 더 많은 연구가 필요하다.

만약 두 번째 가정이 맞는다면, 조기 치매 환자가 임상시험에 참여할 경우 치매 신약개발의 성공 가능성은 훨씬 높아질 수 있다. 그래서 최근에는 조기 치매 환자가 참여하는 방식으로 임상시험을 설계하고 있다. 다만 안타까운 점은 임상시험 설계 변경에도 불구하고 획기적인 성과가 나타나지 않고 있어 치매 환자 가족들의 고통이 여전하다는 것이다.

인공지능으로 신약을 개발한다
바이오인포매틱스

바이오를 전공하던 한 선배는 특이하게도 학부 때 전산 과학을 복수 전공했다. 이유는 곧 바이오 분야에 컴퓨터가 필수인 시대가 올 것이기 때문이란다. 한 사람이 가진 유전자는 2만여 개가 조금 넘고, 유전자를 구성하는 염기는 30억 개에 달한다. 그러니 30억 개의 유전자 염기서열을 분석하기 위해서는 컴퓨터가 필요할 수밖에 없다. 이른바 바이오 빅데이터와 IT의 융합인 바이오인포매틱스이다.

바이오인포매틱스의 열매는 인공지능과 바이오의 결합이다. 인공지능과 바이오의 결합이 다소 생소한 독자도 있을 수 있기 때문에 인공지능과 바이오의 결합을 설명하기에 앞서 인공지능의 기술 발전에 대해 간략하게 짚어 보겠다.

인공지능이 대중에게 널리 알려진 계기는 2016년 구글 알파고와 이세돌 9단의 바둑 대국이다. 알파고와 이세돌의 바둑 대국이 열리기 전까지는 대부분이 아무리 인공지능이 뛰어나도 몇 수 앞을 내다봐야 이길 수 있는 바둑으로는 아직 인간의 상대가 되지 않을 것이라고 판단했다. 이는 비단 일반인뿐만 아니라 인공지능 분야 전문가들의 생각도 비슷했다. 그런데 실제 대국이 열리자, 결과는 모두의 예상을 빗나갔다. 알파고와 이세돌의 대국은 알파고 4승, 이세돌 1승으로, 사실상 알파고의 압승으로 끝났다. 알파고가 이세돌을 압도적으로 이긴 데에는 딥러닝이라는 기술이 숨어 있었다.

딥러닝은 인공지능을 학습시키는 방법으로, 알파고는 이세돌과 대국을 벌이기 전에 모든 바둑의 기보를 학습했다. 기보는 바둑을 둔 내용을 기록한 것을 말한다. 그러니까 알파고는 인간이 둔 모든 바둑 대국의 내용을 학습한 셈이다. 알파고 이전에는 바둑 기보와 같이 방대한 데이터를 인공지능이 학습할 수 없었다. 하지만 알파고에 이르러 인공지능은 엄청난 양의 데이터를 빠르게 학습하는 수준으로 발전했다. 여기서 중요한 점은 인공지능이 엄청난 데이터를 학습할 수 있을 정도로 기술이 진보했다는 데 있다. 바둑의 기보가 엄청난 양의 데이터이지만, 인간의 유전자 정보는 이를 능가한다. 인간의 유전자 정보처럼 엄청난 양의 바이오 정보를 바이오 빅데이터라고 한다. 바로 이 지점에서 바이오와 인공지능의 접점이 생긴다. 인간이 분석하기에는 너무 많은 바이오 빅데이터를 인공지능이 대신 분석하도록 하는 것이다. 어떤 바이오 빅데이터를 이용하느냐에 따라 인공지능의 쓰임새가 달라진다. 최근 바이오 분야에서 주목하는 인공지능 활용은 단연 신약개발 분야다.

인공지능은 신약개발의 여러 단계 가운데 신약후보물질을 발굴하는 가장 앞부분에 주로 활용된다. 인공지능을 이용한 신약후보물질 발굴 방법은 크게 세 가지로 나눌 수 있다. 우선 새로운 구조의 화합물을 디자인하는 방법이다. 대부분 기존 제약·바이오기업의 신약후보물질 발굴이 여기에 속한다. 두 번째로 새로운 표적target을 발굴하는 방법이 있다. 질병의 원인이 되는 새로운 표적물질을 발굴해 이를 공략하는 방법이다. 세 번째로는 신약 재창출 방법이 있다. 기존의 승인된 약에서 새로운 적응증을 발굴하는 방식이다.

이 세 가지 방법 가운데 성공할 경우 상업성이 더 큰 것은 앞의 두 가지 방법이다. 이전에는 없었던 새로운 화합물이나 표적을 발굴하는 것이기 때문이다. 반면 신약 재창출은 기존의 승인된 약을 바탕으로 새로운 적응증을 찾는 것이기 때문에 앞의 두 방법보다 신약개발 기간을 좀 더 줄일 수 있는 장점이 있다. 물론 세 가지 방법 모두 인간이 직접 하는 것보다 시간과 비용을 크게 낮춰준다. 통상 인공지능으로 신약후보물질을 발굴할 경우 전통적인 기존 방법보다 비용은 1/10, 기간은 1/3로 줄일 수 있다. 인공지능 신약후보물질 발굴이 빛을 발하는 이유다.

또한 줄어든 기간과 비용을 이용하면 더 많은 신약후보물질을 발굴할 수 있다. 예를 들어 같은 기간과 비용을 들여 신약후보물질을 발굴한다고 가정하면 전통적인 방법으로 1개의 후보물질을 발굴할 수 있다면 인공지능으로는 3~4개의 후보물질을 발굴할 수 있다. 후보물질을 더 많이 발굴한다는 것은 결국 신약개발의 성공 가능성을 그만큼 더 높일 수 있다는 말이다. 그래서 기존 제약사·바이오기업은 유망한 인공지능 기업의 신약후보물질을 전임상 전 단계에서 이미 구매하기도 한다. 2019년부터 2021년까지 전 세계에서 이뤄진 인공지능 신약후보물질 발굴 주요 빅딜big deal 거래를 살펴보면 모두 후보물질 발굴 단계에서 성사됐다. 인공지능 기업들은 적게는 2,900억 원에서 많게는 3조 2,000억 원의 초대박 거래에 성공했다. 후보물질 발굴 분야도 비알코올성 지방간염NASH, 근위축증, 암, 면역 질환 등 다양했다.

그렇다면 인공지능이 발굴한 신약후보물질은 언제쯤 미국 FDA의 승인을 받을 수 있을까? 현재 임상시험 속도가 가장 빠른 기업은 미국의 리커전 파마Recursion Phamaceuticals인데, 약물 재창출 방식으로 신약후보물질을 발굴해 미국에서 신경섬유종증 등을 대상으로 임상 2상을 앞두고 있다. 만약 임상 2상이 패스트트랙fast track으로 진행된다면, 앞으로 1~2년 후에는 미국 FDA의 승인을 받을 것으로 전망된다. 미국 FDA는 심각하거나 생명에 위협을 가하는 질환에 우수한 효능을 보이는 신약이 신속히 개발될 필요가 있다고 판단하면, 해당 의약품을 패스트트랙으로 지정할 수 있다. 패스트트랙으로 지정되면 개발 단계마다 FDA와 협의하고 필요한 지원을 받을 수 있어서 신속한 상용화가 가능하다. 통상 신약후보물질이 패스트트랙으로 지정되면, 개발 기간을 2~3년 정도 단축할 수 있는 것으로 알려졌다.

또 다른 인공지능 신약개발 기업인 엑스사이언티아Exscientia는 리커전과 다르게 신규 화합물 구조를 발굴하는 방식으로 미국에서 임상 1상을 진행하고 있다. 엑스사이언티아는 새로운 물질을 발굴해 임상시험을 진행하고 있기 때문에 리커전보다는 최종 승인까지 좀 더 많은 기간이 걸릴 것으로 업계 관계자들은 전망하고 있다.

국내의 경우 인공지능 바이오기업 스탠다임이 전임상 단계인 동물실험을 진행하고 있으며, 전임상 결과를 바탕으로 곧 글로벌 임상 1상을 시작할 예정이다. 만약 스탠다임이 예정대로 임상시험에 진입할 경우 현재 상황에서 볼 때 인공지능 신약으로는 전 세계에서 세 번째로 미국 FDA의 승인을 받을 가능성이 크다. 물론 신약개발은 인공지능 기업이 하는 후보물질 발굴 단계 이후에도 바이오기업이 수행하는 임상시험 등 복잡한 과정이 남아 있어서 누구도 성공을 장담할 수 없다. 하지만 국내 인공지능 신약개발 기업의 기술력이 글로벌 수준에 근접했다는 점 역시 부인하기는 힘들어 보인다.

자연 현상 VS. 질병
노인성 근감소증

코로나19 팬데믹으로 인해 실내 활동에 제약이 많아지면서 야외 스포츠인 골프가 특수를 누렸다. 골프에서 좋은 점수를 내려면 기본적으로 드라이버 비거리가 잘 나와야 한다. 비거리가 잘 나오기 위해서, 즉 공을 멀리 보내기 위해서는 기술뿐만 아니라 탄탄한 근력이 받쳐줘야 한다. 그런데 안타깝게도 우리 몸은 나이가 들면 유연성만 떨어지는 것이 아니라 근력도 감소한다. 대략 성인을 기준으로 할 때 25세를 정점으로 해마다 1퍼센트씩 근육이 감소하는 것으로 알려졌다. 한마디로 근육 감소는 노화에 따른 자연적인 현상이라는 얘기다. 이런 이유로 나이가 듦에 따른 근육 감소는 당연한 것으로 생각했다. 노년에 고생하지 않으려면 평소 운동을 많이 하라는 말도 이런 이유로 생겼을 것이다.

근육 감소는 생존과 밀접한 관련이 있다. 유럽에서 60세 이상 노인 2,181명을 3년 동안 추적 관찰한 결과에 따르면 심각한 근감소증sarcopenia이 있는 노인이 그렇지 않은 노인보다 단기간에 사망할 위험이 증가하는 것으로 나타났다. 또 서울아산병원 연구진이 65세 이상 노인 1,343명을 대상으로 조사한 결과에 따르면 근감소증이 있는 남성은 그렇지 않은 남성보다 사망률과 요양병원 입원율이 5.2배 높았으며, 근감소증이 있는 여성은 그렇지 않은 여성보다 사망률과 요양병원 입원율이 2.2배 더 높았다. 또 여러 해외 논문에서도 근감소증은 인지 저하 발생을 2~6배 증가시키는 것으로 나타났다. 근육 감소가 치매와도 연관성이 있다는 얘기다. 여기에 더해 근육 감소는 당뇨병과도 관련이 있다. 근육은 사람 몸무게의 약 40퍼센트를 차지하는 가장 큰 조직으로, 체내 당의 60퍼센트 이상을 흡수해 저장한다. 따라서 근육이 줄어들면 혈당이 높아질 수밖에 없고 당뇨병을 일으키는 원인이 되기도 한다. 노년의 근육 감소는 활동 장애를 유발해 독립적인 생활을 제한할 뿐만 아니라, 다양한 노인성 질환의 원인이 되기도 한다. 전 세계적으로 고령화가 빠르게 진행되면서 이에 따른 노인성 근감소증 환자도 지속해서 증가하는 추세다.

의학적으로 노화에 따른 생리적 변화로 근육이 감소하는 현상을 노인성 근감소증이라고 한다. 노인성 근감소증은 특정 유전자로 발생하는 근육감소증과는 구별된다. 그동안 노인성 근감소증은 노화에 따른 자연적인 현상으로 치부돼 질병으로 여겨지지 않았다. 하지만 노인성 근감소증이 노인성 질환의 원인으로 작용한다는 연구 결과와 전 세계적인 인구 고령화로 인해 노인성 근감소증을 질병으로 바라보는 논의가 본격화했다. 이윽고 2016년 WHO는 노인성 근감소증을 새로운 질병(ICD-10-CM)으로 지정했으며, 한국은 2021년 한국표준질병사인분류Korean standard classification of diseases, KCD 8차 개정을 통해 노인성 근감소증을 질병으로 지정했다.

노인성 근감소증이 질병으로 인정됐지만, 아직 미국 FDA의 정식 승인을 받은 치료제는 없다. 글로벌 임상 2상에 들어간 신약후보물질은 있으나, 아직 글로벌 임상 3상에 진입한 신약후보물질은 없는 실정이다. 스위스 노바티스나 미국 리제네론 등 글로벌 빅파마 대부분은 노인성 근감소증과 관련한 항체 의약품을 개발하고 있다. 항체 의약품은 주로 마이오스타틴myostatin의 기능을 억제하는 것이 주목적이다. 마이오스타틴은 우리 몸이 정상 범위 내에서 근육을 만들 수 있도록 제어하는 단백질이다. 마이오스타틴을 많이 가질수록 근육이 덜 발달하고, 반대로 마이오스타틴을 적게 보유하면 근육이 발달한다.

국내 바이오벤처 아벤티도 노인성 근감소증 치료제를 개발하고 있는데, 흥미로운 것은 앞서 설명한 빅파마들과는 다른 방식으로 작용하는 신약을 개발한다는 점이다. 보통 근육을 만들려면 헬스장에서 무산소 운동을 해야 한다. 벤치 프레스 같은 무산소 운동을 통해 근육이 만들어지는 원리는 대략 다음과 같다. 무거운 운동 장비로 운동을 하면 근육에 무리가 가해진다. 그러면 운동이 작용하는 인체 부위의 근육은 조금씩 찢어진다. 이런 상태에서 운동하지 않고 2~3일 쉬면 우리 몸에서는 찢어진 근육을 메우면서 이전보다 더 큰 근육을 만든다. 찢어진 근육을 메워 더 큰 근육으로 만드는 데에는 근원세포가 핵심 역할을 한다. 근원세포는 쉽게 말하면 근육 줄기세포로, 우리 몸에서 근육을 만드는 세포다. 젊은 사람이나 나이가 많은 사람이나 근원세포를 가지고 있는 것은 똑같다. 차이가 있다면 젊을 때는 근원세포가 빠르고 손쉽게 근육세포를 만들지만 나이가 들수록 근육세포를 만드는 속도가 더뎌진다는 것이다.

그럼 근원세포를 활성화할 수 있다면 노인들도 빠르고 쉽게 근육세포를 만들 수 있을까? 아벤티가 진행하고 있는 치료제 개발이 바로 이런 아이디어에서 출발했다. 즉, 근원세포를 자극해 근육세포를 키우는 방식으로 근감소증을 치료하는 것이다. 물론 아직 전임상 단계여서 임상 3상까지는 가야 할 길이 멀다. 하지만 글로벌 임상 2상으로 앞서 있는 빅파마들과는 차별화한 작용 기전의 신약을 개발한다는 점에서 충분히 승산이 있다고 생각한다.

필자 주위에는 나이가 들면서 근육이 줄어 골프를 치지 못하겠다고 말하는 CEO들이 제법 있다. 아주 단순하게 생각하면 평소 운동을 해서 근육을 만들면 해결될 문제지만 그마저도 귀찮아서 하지 않는 사람들이다. 만약 근감소증 치료제가 개발된다면 이런 사람들, 즉 운동을 하지 않고도 운동을 만들고 싶은 사람들에게 특효약이 될 수 있지 않을까? 여기에서 한발 더 나아가면 근감소증 치료제는 운동선수가 불법적으로 근육을 만드는 도핑에 악용될 소지도 있다. 물론 엄격한 도핑 규제로 현실이 될 가능성은 매우 낮다. 아직 개발되지도 않은 근감소증 치료제를 두고 이런 상상을 하는 것이 시기상조

이기는 하지만, 이런 기대를 갖게 하는 것이 신약개발의 진정한 묘
미가 아닐까.

바이러스로 세균을 잡는다
박테리오파지

세계적인 스쿠버 다이빙 명소로 꼽히는 남태평양의 팔라우에는 만타 레이manta ray, 쥐가오리와 상어, 거북 등 다양한 생물뿐만 아니라 해파리 호수라는 독특한 곳이 있다. 흥미롭게도 해파리 호수에 사는 해파리들은 모두 독이 없다. 해파리 호수는 오랜 시간이 지나면서 염수와 담수가 혼합돼 바닷물고기들이 사라졌다. 이로 인해 해파리를 공격하는 천적도 같이 사라졌다. 천적이 없는 해파리 호수에서 유유자적 사는 해파리들은 자연스럽게 천적을 공격하는 독도 사라진 것이다. 해파리 호수의 해파리 사례처럼 자연계에서 천적의 존재는 매우 중요하다. 천적의 유무에 따라 개체의 진화 방향이 정해지기 때문이다.

눈에 보이지도 않는 미생물 가운데 인류를 지속해서 괴롭히는 존재는 바로 세균bacteria이다. 만약 자연계에 존재하는 세균이 해파리 호수의 해파리처럼 천적이 없다면, 독성이 퇴화해 인류에게 아무런 해를 끼치지 않는 세균으로 존재할 수도 있다. 하지만 안타깝게도 현실은 그렇지 않다. 자연계에는 세균의 천적이 분명히 존재한다. 세균은 매우 빨리, 무한히 증식하는 특성이 있기 때문에 천적이 없다면 지구는 세균으로 뒤덮일 것이다. 이러한 불균형을 막기 위해 자연계에는 천적이 존재한다. 세균의 천적은 세균보다 더 작은 존재인 바이러스다. 바이러스 가운데에도 세균만 감염해 죽이는 바이러스가 있다. 이러한 바이러스를 생물학에서는 특별히 박테리오파지 bacteriophage라고 한다. 박테리오파지는 세균을 감염해 죽인다는 특징 때문에 바이오 분야에서 비상한 관심을 끄는 존재다. 이제부터는 박테리오파지를 이용해 세균을 죽이는 기상천외한 방법에 대해 살펴보도록 하겠다.

박테리오파지

박테리오파지의 생활사는 다음과 같다. 박테리오파지는 세균 안으로 들어가 감염한 뒤 자신의 DNA를 증식해서 세균을 죽인다. 그 다음 엔도라이신endolysin이라는 물질을 만들어 세균 밖으로 나와 또 다른 세균을 감염한다. 박테리오파지가 만들어내는 엔도라이신은 세균을 둘러싸고 있는 세포벽을 파괴하는 물질이다. 과학자들이 주목하는 것은 바로 이 엔도라이신이라는 물질이다. 엔도라이신으로 세균을 죽이는 항생제antibiotics를 만들 수 있기 때문이다.

인류의 역사를 살펴보면 1928년 페니실린의 발견은 인류의 삶의 질을 크게 향상시켰다. 그런데 문제는 인류가 항생제를 개발해 세균을 공격하면 세균도 이에 대응하는 전략을 구사한다는 점이다. 바로 항생제가 더는 듣지 않는 내성균의 등장이다.

세균은 단세포로 이루어진 매우 원시적인 형태의 생명체다. 이런 원시 생명체의 특징 가운데 하나는 유전자 돌연변이를 잘 일으킨다는 것이다. 생명체가 유전자 돌연변이를 일으키는 주요 요인 가운데 하나는 외부 환경의 변화다. 세균의 입장에서 항생제는 자신의 생존과 직결된 매우 위급한 외부 환경의 변화에 속한다. 새로운 항생제의 등장은 외부의 새로운 적이 신종 무기를 가지고 공격하는 것과 마찬가지기 때문에 세균은 이에 적절히 대응하지 못한다. 그렇지만 자꾸 항생제와 전투를 벌이다 보면 세균도 이에 맞설 신종 무기와 전략을 갖게 되는데, 이게 바로 유전자 돌연변이다.

세균에 유전자 변이가 일어나면, 항생제가 공격하는 세균의 표적 부위의 모양이 바뀌어 항생제가 더는 표적을 공격하지 못하게 된다. 비유하자면 과녁을 향해 활을 쏘는데, 과녁의 형태가 바뀌어 더는 과녁을 맞힐 수 없는 것이다. 페니실린 항생제에 내성균이 생기면, 과학자들은 페니실린이 공격하는 세균의 표적이 아닌 다른 표적을 공격하는 새로운 항생제를 개발한다. 그러면 세균은 또 이를 무력화하는 유전자 변이를 일으킨다. 이런 방식으로 인간과 세균은 끊임없이 전쟁을 벌이고 있다. 그런데 어느 시점이 되면 지금까지 인간이 개발한 모든 항생제로도 공격할 수 없는 내성균이 등장한다. 이런 내성균을 슈퍼 박테리아super bacteria라고 한다.

슈퍼 박테리아의 출현은 인류의 삶을 공격하는 매우 큰 위협이다. 그래서 지금도 많은 과학자는 슈퍼 박테리아를 퇴치할 수 있는 새로운 전략을 연구하고 있다. 앞서 설명한 박테리오파지를 이용하는 방법은 그러한 전략 가운데 극히 일부에 속한다. 세균과 인간과의 전쟁에서 누가 이길지는 예단하기 어렵다. 통상적으로 인간이 새로운 항생제를 개발하는 속도보다 세균이 유전자 변이를 일으키는 속도가 더 빠르다. 이런 점에서 보면 인간과 세균의 전쟁에서 세균이 승리할 확률이 훨씬 더 높다. 그렇다고 크게 낙담할 이유는 없다. 과학기술의 발전 속도가 나날이 빨라지고 있고, 그만큼 항생제 개발 속도도 단축되고 있기 때문이다.

주삿바늘 공포 끝
마이크로니들 패치

마이크로소프트의 창업자 빌 게이츠는 말라리아 등 질병 퇴치에도 거액을 기부하곤 한다. 코로나19 팬데믹이 발생하자, 빌 게이츠 재단은 백신 개발에도 거금을 쏟아부었다. 코로나19 백신을 개발하는 SK바이오사이언스에 투자했을 뿐만 아니라 국내 보건복지부, 제약·바이오기업과 공동으로 출자해 비영리 재단법인 라이트 펀드 RIGHT fund를 설립했다. 정식 명칭은 글로벌 헬스 기술 연구기금Research Investment for Global Health Technology Fund인데, 줄여서 라이트 펀드라고 한다. 라이트 펀드는 국내 기업 에이비온과 휴대용 전기부착형 마이크로니들 패치 기반의 코로나19 DNA 백신 개발 과제에 대한 연구용역을 체결했다. 국내 기업 라파스는 에이비온의 DNA 백신을 제공받아 용해성 마이크로니들 패치 제제 연구 등을 수행한다.

그렇다면 마이크로니들이란 무엇이며, 라이트 펀드는 왜 마이크로니들 패치 개발에 투자한 걸까? 코로나19 팬데믹으로 국민 대다수가 백신 주사를 맞았다. 주삿바늘의 길이는 대략 5센티미터 내외로, 얼핏 봐도 눈에 확 띈다. 주사를 맞을 때 통증을 느끼며, 어떤 사람은 공포를 느끼기도 한다. 실제로 전 세계 인구의 약 5퍼센트는 주사 공포증이 있는 것으로 알려졌다. 이러한 통증과 공포를 극복하기 위해 등장한 신개념 주삿바늘이 바로 마이크로니들이다. 니들 needle은 바늘이라는 뜻이다. 즉, 마이크로니들은 마이크로미터 크기의 주삿바늘을 말한다. 마이크로니들의 바늘 크기는 엄청 작다. 송곳같이 생긴 마이크로니들의 길이는 약 700마이크로미터이다. 이렇게 작은 마이크로니들 수십 개를 반창고 형태로 만든 것을 마이크로니들 패치라고 한다. 액체 상태의 의약품을 주삿바늘로 체내에 삽입하는 일반 주사와는 달리 니들에 동결 건조된 고체 상태의 의약품이 들어 있는 마이크로니들 패치는 반창고를 붙이듯이 팔뚝에 붙여 사용한다. 이 니들에 약을 넣으면 마이크로니들 의약품이 되는 것이고, 백신을 넣으면 마이크로니들 백신이 된다. 이 책에서는 특히 마이크로니들 백신을 중점적으로 살펴보겠다.

바이러스의 일부로 만든 백신, 즉 항원이 몸에 들어오면 인체 면역계는 즉각 항원을 공격하는 항체를 생성한다. 또 항원을 기억해뒀다가 나중에 실제로 바이러스가 침입하면 항체를 만들어 바이러스를 공격한다. 요약하면 바이러스 항원을 공격하는 항체 생성과 항원을 인식하는 이른바 면역 기억immune memory이 면역 반응의 핵심이다. 일반 백신 주사는 피부를 뚫고 근육층에 백신의 항원을 전달한다. 그런데 마이크로니들 백신은 피부의 진피층에 백신의 항원을 전달한다. 면역 반응은 면역세포가 만들기 때문에 당연히 면역세포가 많으면 많을수록 반응이 강하게 일어난다. 우리 몸의 근육층에도 면역세포가 있지만 진피층에 더 많은 면역세포가 있다. 따라서 면역 반응을 더 잘 유도할 수 있다. 바꿔 말하면 마이크로니들 패치를 이용하면 주삿바늘보다 적은 양의 백신으로도 효과를 볼 수 있다는 것이다.

화이자나 모더나의 코로나19 백신을 맞고 심근염이나 심낭염 등이 발생하는 이유는 고용량의 백신이 우리 몸에 들어오면서 예상치 못한 부작용을 일으키거나 근육에 주입된 백신 물질이 혈관을 타고 이동하면서 부작용을 일으키기 때문이다. 그러나 마이크로니들 백신은 근육층이 아닌 진피층에 직접 백신 물질을 전달하는 데다 저용량으로도 효과를 볼 수 있기 때문에 사실상 부작용이 거의 없다는 것이 마이크로니들 백신 개발사들의 설명이다. 쉽게 말해 마이크로니들 백신은 약의 전달 효율을 높이면서, 부작용은 최소화할 수 있다는 것이다. 게다가 통증이 거의 없고, 주삿바늘처럼 공포감도 없다.

이쯤 되면 이 전도유망한 마이크로니들 패치를 이용한 의약품이나 백신이 상용화가 됐을 법하다. 마이크로니들을 이용한 화장품이 상용화되기는 했지만, 의약품이나 백신은 아직 없다. 편두통을 겨냥한 마이크로니들 패치 의약품이 가장 빠르게 개발돼 현재 미국 FDA에서 허가 심사 중이다.

그렇다면 마이크로니들 패치 의약품이나 백신이 아직 상용화되지 않은 이유는 무엇일까? 코로나19 백신을 다시 예로 들어보자. 화이자나 모더나 백신은 액체 물질로 냉동보관, 즉 콜드 체인이 필수다. 마이크로니들 패치는 고형제재로 상온에서 보관할 수 있다. 그런데 마이크로니들 패치 기업이 백신 자체를 개발하는 것은 아니다. 화이자나 모더나가 자사의 백신 물질을 마이크로니들 패치 기업에 제공하면, 마이크로니들 패치 기업이 백신을 니들에 넣을 수 있는 고형제재로 만드는 것이다. 여기서 중요한 것은 백신 제조사 대부분이 자사의 백신 물질을 다른 기업에게 제공하는 것을 달가워하지 않는다는 것이다. 자기들이 독점적으로 백신을 팔 수 있는데, 다른 기업이 경쟁 제품을 만드는 것을 도와주는 셈이 될 수도 있기 때문이다. 물론 백신 물질을 제공하면 일정 수준의 로열티를 받을 수는 있을 것이다. 하지만 기업 경영의 측면에서는 로열티를 받는 것보다 독점 체제를 유지하는 것이 훨씬 수익이 남는 장사다.

이런 상황이라면 마이크로니들 패치 의약품이나 백신이 상용화되는 것은 상당히 어려울 수 있다. 그런데 꼭 그렇지만은 않다. 비밀은 고형제재에 있다. 화이자나 모더나 백신은 액체 물질이다. 이를 고형제재로 바꾸면 백신의 제형 자체가 바뀌는 셈이다. 백신을 포함해 신약을 개발할 때는 처음 만든 제재로 제형 특허를 등록한다. 이후 새로운 제형을 개발하면 후속 제형 특허를 등록할 수 있다. 오리지널 제약사 입장에서는 제형 특허를 추가로 등록해 특허 보호 기간을 연장할 수 있는 것이다. 이러한 관점에서 보면 기존 약을 마이크로니들로 개발하는 것은 오리지널 제약사와 마이크로니들 패치 기업 모두에게 이익이 된다. 오리지널 제약사는 특허 기간을 연장할 수 있고, 마이크로니들 패치 기업은 제품을 만들어 팔 수 있다. 이익 배분은 둘이 알아서 정할 문제다.

마이크로니들 패치와 관련해 한 가지 흥미로운 에피소드가 있다. 코로나19 팬데믹 상황에서 해외 백신 개발사가 마이크로니들 패치를 개발하는 국내 기업 라파스에 먼저 연락을 했다. 백신 개발사가 자사의 백신으로 마이크로니들 패치를 만들 수 있는지를 문의한 것이다. 이 사례는 기술력만 탄탄하면 글로벌 빅파마가 국내 기업에 먼저 연락할 수도 있다는 것을 방증한다. 한마디로 격세지감이다. 국내 바이오기업의 위상이 날로 높아지고 있다.

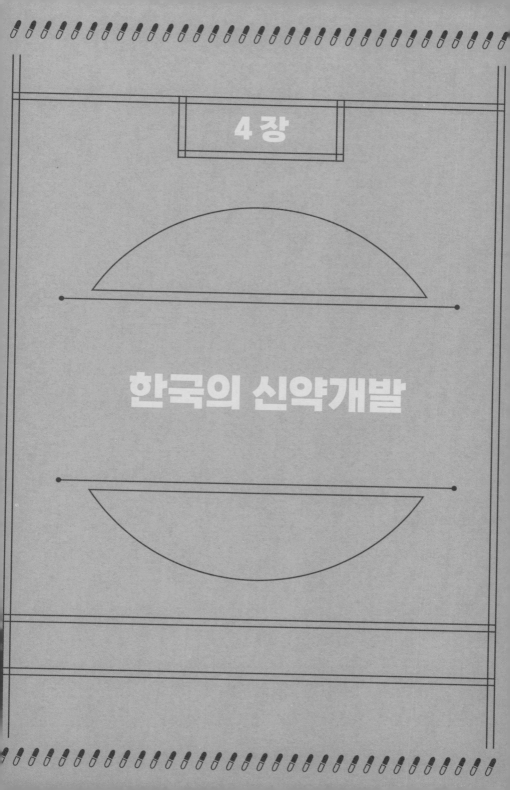

4장

한국의 신약개발

2021년 8월 기준 삼성전자의 주가는 7만 원대 박스권에 있다. 주식을 잘 모르는 사람은 시가총액 1위인 삼성전자 주식이 7만 원이면 너무 싼 것 아니냐고 생각할 수 있다. 하지만 삼성전자는 원래 260만 원대의 황제주였다. 삼성전자는 2018년 5월 1주를 50주로 쪼개는 액면분할을 단행했다. 그래서 260만 원대였던 주가가 5만 원으로 줄었다. 2003년 3월 삼성전자의 주가는 30~40만 원대였는데, 이당시 LG전자의 주가는 10만 원 아래였다. 주가로만 보면 삼성전자가 훨훨 날 때 LG전자는 뛰는 수준이었다고 평할 수 있다. 지금은 그렇지 않지만, 그 시절 LG그룹 주식 대부분은 좀처럼 잘 올라가지 않았다. 그런데 LG그룹 주식 가운데 유독 세간의 관심을 끄는 주식이 있었다. 바로 LG생명과학 주식이다. LG생명과학은 LG화학에서 분사한 LG그룹의 바이오 분야 계열사다. 지금은 LG화학에 합병돼

LG생명과학은 법인으로 존재하지 않는다.

LG생명과학이 주식 시장의 뜨거운 감자였던 이유는 LG생명과학이 개발한 항생제 신약후보물질이 곧 미국 FDA의 승인을 받을 것이라는 기대감 때문이었다. 2003년 4월 LG생명과학은 마침내 미국 FDA의 신약 승인을 획득했다. 그 주인공은 퀴놀론계 항생제 신약 팩티브이다. 팩티브가 미국 FDA의 승인을 받으면서, LG생명과학 주식은 LG그룹 주식으로는 이례적으로 단기간에 폭등했다.

팩티브는 국내 기업이 개발해 미국 FDA의 승인을 받은 최초의 신약인 데다 약 자체의 효능도 매우 탁월했다. 하지만 팩티브는 전 세계 시장에서 기대 이상의 매출을 내지는 못했다. 사실 기대 이하의 저조한 판매를 보였다. 이제부터는 미국 FDA의 승인을 받은 팩티브가 왜 세계 시장에서 고전했는지, 그 이유를 하나하나 살펴보도록 하겠다.

팩티브는 퀴놀론계 항생제다. 퀴놀론계 항생제는 세균의 DNA 합성을 억제하는 방식으로 작용한다. 항생제의 대명사 격인 페니실린은 페니실린계 항생제로, 세균의 세포벽 합성을 저해하는 방식으로 작용한다. 페니실린과 팩티브는 세균을 죽이는 목적은 같지만, 그 작용 방법에서 차이가 있다. 그러니까 만약 페니실린계 항생제를 썼는데 치료 효과가 없다면, 퀴놀론계 항생제를 써서 효과를 볼 수 있다는 얘기다. 이는 페니실린으로 죽일 수 없는 세균을 공략할 수 있다는 장점이 되지만, 페니실린이 효과가 없을 경우에 처방한다는 단점이 될 수도 있다. 안타깝게도 팩티브는 후자에 속했다. 페니실린을 처방한 환자 가운데 효과를 보지 못한 환자에게 팩티브를 처방했다는 얘기다. 이런 경우 페니실린을 1차 치료제, 팩티브를 2차 치료제라고 말한다. 사실상 팩티브는 2차 치료제로 사용된 것이다. 따라서 1차 치료제보다 상대적으로 시장 점유율이 낮을 수밖에 없었다.

여기에 더해 독일 제약사 바이엘의 퀴놀론계 항생제가 팩티브보다 4년 빠르게 미국 FDA의 승인을 받았다. 퀴놀론계 항생제가 이미 시장에 판매되고 있는데, 후발 주자가 시장에서 선전하는 것은 결코 쉬운 일이 아니다. 그런데 애초 팩티브의 미국 FDA 승인 목표 시한은 2003년이 아니라, 1999~2000년이었다. 업계 관계자들은 만약 팩티브가 목표한 시점에 승인을 받았다면 경쟁력이 있었을 거라고 했다.

그렇다면 팩티브의 승인 시점은 왜 2003년으로 늦춰진 것일까? LG생명과학은 팩티브 임상 1상을 종료하고 임상 2상 단계에서 글로벌 제약사 GSK에 글로벌 라이선스 기술 수출을 했다. GSK는 수천억 원을 투자해 글로벌 임상 3상까지 완료한 후 1999년에 미국 FDA에 신약 승인을 신청했다. 하지만 미국 FDA는 자료 보완 등을 이유로 승인을 유보했다. GSK는 추가 임상시험을 진행하는 등 재신청 준비를 했다. 하지만 당시 글락소와의 합병 문제, 상용화 지연에 따른 사업성 문제 등의 이유로 LG생명과학에 글로벌 라이선스를 반환했다. 1999년 당시 GSK는 스미스 비참SB이었으며, 이후 글락소Glaxo와 합병하면서 사명이 GSK로 변경됐다. GSK와 결별한 LG생명과학은 그동안의 임상시험 자료를 바탕으로 각고의 노력 끝에 2003년 미국 FDA의 승인을 받았다. 이후 미국 현지 바이오기업 진소프트와 판매 계약을 맺었지만, 진소프트가 영업력에 한계를 보이면서 애초 예상했던 매출을 달성하지는 못했다. 바이오 업계에서는 좋은 약이 반드시 성공하는 것은 아니라는 말이 있다. 이는 바꿔 말하면 성공한 약이 좋은 약이라는 얘기다. 팩티브는 효능이 매우 탁월한 좋은 약이지만, 미국 FDA 승인 과정에 따른 어려움과 상대적으로 열악한 해외 판매망 등으로 판매 부진을 겪었다.

팩티브의 미국 FDA 승인 과정은 신약개발과 관련해 여러모로 시사하는 바가 크다. 우선 아무리 좋은 신약을 개발해도 경쟁사가 비슷한 종류의 신약을 먼저 출시하면 경쟁력을 갖추기 힘들다는 점이다. 다음으로 신약개발 과정에서 라이선스 기술 수출과 독자 개발 가운데 무엇을 선택할 것인가의 문제다. 국내 기업이 글로벌 임상 3상을 단독으로 진행하는 것은 현실적으로 어렵다. 비용이 수천억 원에 달할 정도로 많이 들기 때문이다. 그래서 바이오기업들이 선택하는 전략이 임상 2상 단계에서 글로벌 기업과 라이선스 계약을 하는 것이다.

라이선스 아웃은 지적 재산권이 있는 상품의 판매를 다른 회사에 허가해주는 제도다. 계약 내용에 따라 다르지만, 최종적으로 미국 FDA의 승인을 받아 시판하면 매출의 일정 부분을 로열티로 받는다. 개발사의 입장에서는 임상 3상까지 진행하는 데 드는 비용을 절감하면서 향후 매출에 따른 수익을 기대할 수 있기 때문에 나쁘지 않은 전략이다. 그래서 국내 바이오기업은 대부분 라이선스 아웃을 선택한다. 물론 임상 3상까지 독자적으로 진행하는 국내 기업도 있다. 국내에서 두 번째로 미국 FDA의 승인을 받은 SK바이오팜의 뇌전증 치료제 세노바메이트가 바로 그런 예다. SK바이오팜의 성공 이후 임상 3상까지 독자 개발하겠다는 국내 기업이 늘고는 있지만, 현실적으로 쉽지 않은 일이다. 비용도 문제지만, 어떻게 글로벌 임상시험을 진행해야 하는지 방법을 잘 모르기 때문이다.

이와 관련해서 바이오기업 CEO들은 LG 생명과학과 SK바이오팜이 미국 FDA의 벽을 넘었기 때문에 이제는 국내 기업들이 승인을 받기가 이전보다는 훨씬 더 용이할 것으로 전망한다. 1세대 바이오기업 CEO들은 자신들의 경험을 후배들과 공유해 앞으로 더 많은 국내 바이오기업들이 미국 FDA의 승인을 받을 수 있도록 도와주는 것이 선배의 역할이라고 말한다. 만약 이러한 선순환 구조가 국내 바이오 업계에 뿌리를 내린다면, 앞으로 미국 FDA 승인 신약 3호, 4호가 속속 등장할 것이다.

교수 CEO 전성시대

　　필자가 아는 바이오기업 CEO 가운데 절반 이상은 대학교수 출신이다. IT나 게임 분야에도 더러 교수 출신 CEO가 있지만 바이오 분야만큼 교수 CEO가 많은 분야는 없는 것 같다.

　　바이오는 생물학을 바탕으로 하고, 생물학은 물리, 화학과 더불어 대표적인 자연과학 학문이다. 바이오를 제대로 전공하기 위해서는 엄청난 배움의 시간이 필요하다. 즉, 공부할 것이 엄청 많다는 얘기다. 대학 4년, 석사와 박사 과정 6~8년, 박사후연구원 2~3년이라고 계산하면 대략 바이오를 전공하고 제대로 된 직장인이 되기까지 12~15년 정도의 시간이 걸린다. 박사후연구원 이후 진로는 대학교수가 되거나 일반 회사 연구원이 되는 것이다. 한국 사회에서 박사 학위를 받는 사람의 목표는 대부분 대학교수다. 하지만 대학교수가 되는 사람은 극히 일부이며 대부분은 국책기관이나 일반회사에서 연구원 생활을 한다. 오랜 시간 공부해 대학교수가 되면 그다음 목표는 정교수가 되는 것이다. 정교수가 되고 나면 그나마 숨통이 좀 트이는데, 이때부터 창업을 생각하기 시작한다. 물론 모든 교수가 그렇다는 것이 아니라 일부 교수가 그렇다는 얘기다.

교수들이 창업에 나서는 이유는 자신이 지금까지 연구한 성과가 상용화 가능성이 있다는 판단과 대학에서 교수들의 창업을 권장하는 분위기 때문이다. 정부가 대학을 평가할 때 교수 창업이 긍정적인 요소로 작용한다. 가뜩이나 청년 취업 문제가 심각한데 교수가 창업을 하면 제자들을 취업시킬 수 있기 때문이다. 상황이 이렇다 보니 바이오 분야에는 교수 출신 CEO가 많다. 교수 출신 CEO가 아니더라도 바이오 분야 CEO는 대개 박사 학위 소지자다. 1세대 바이오기업 창업자들은 자신들이 졸업할 때는 취업이 안 돼 창업했다고 우스갯소리를 하기도 했다. 70~80년대 학번 CEO들이 대학을 졸업할 당시에는 국내에 바이오기업이 없었으며, 제약사가 전부였다. 제약사들은 보통 약대나 제약학과를 나온 사람들을 선호하지 바이오 관련 학과를 선호하지 않았다는 것이다.

필자는 평소 연구에 전념하며 교육을 통해 후학 양성에 힘을 쏟는 교수들을 존경한다. 하지만 이들이 경영자인 CEO로 나설 경우에는 해당하지 않는다. 교수가 바이오벤처를 설립하는 것 자체는 바람직하다. 그간의 연구 성과가 실험실에서 썩는 것이 아니라 상용화로 한 단계 도약할 수 있기 때문이다. 문제는 교수가 직접 CEO를 하려고 하는 데 있다. 필자는 교수가 창업을 하면 CEO는 전문경영인에게 맡기고 본인은 CSO^chief science officer나 CTO^chief technology officer를 맡는 것이 바람직하다고 생각한다. 필자가 이렇게 생각하는 이유는 교수 출신 CEO가 이끄는 바이오기업의 성적이 기대만큼 훌륭하지 않았기 때문이다.

국내 바이오 1세대로 불리는 헬릭스미스는 당뇨병성 신경병증 신약후보물질로 미국에서 임상 3상을 진행하고 있다. 이 회사는 임상 3상에서 한 차례 고배를 마신 뒤 재도전에 나선 상황이다. 임상 3상 실패 후 헬릭스미스의 주가는 곤두박질쳤다. 이에 CEO는 2021년 3월 정기주주총회에서 2022년까지 임상 3상에 성공하지 못하거나 주가가 10만 원을 넘지 못하면 보유 주식 전부를 회사에 출연하겠다고 약속했다. 헬릭스미스 CEO는 한국을 대표하는 바이러스 전문가이자 서울대 교수 출신이어서 일반 주주들의 충격은 더욱 컸다. 이를테면 믿는 도끼에 발등이 찍힌 꼴이랄까. 물론 CEO가 교수 출신이어서 임상 3상에 실패한 것은 결코 아니지만 말이다.

헬릭스미스의 사례 외에도 교수 출신 CEO를 바라보는 업계의 시각이 곱지만은 않다. 업계 관계자들의 말을 들어보면, 교수 출신 CEO는 본인의 연구 성과를 세계 최고 수준으로 생각하는 경향이 있다고 한다. 바꿔 말하면 무리하게 임상시험을 진행했을 수도 있다는 얘기다. 그런가 하면 자신의 연구가 최고라는 아집으로 당장 사업화하기 어려운 연구도 사업화를 시도한다고 한다. 전문경영인의 시각에서 보면 한 마디로 어불성설이다. 사업화 가능성이 큰 연구부터 시작해도 성공할까, 말까인 상황이기 때문이다.

국내 바이오기업 1세대로 불리는 제넥신의 창업자이자 CEO인 S는 2022년 3월 CEO에서 물러나고 전문경영인 체제로 바꾸었다. 바이오 업계에서는 S가 20년 가까이 회사 경영을 맡으면서 회사를 발전시킨 공로도 크지만, 무리한 사업 확장 등 적지 않은 폐해도 있었다고 말한다. 이런 상황 때문에 S가 마지못해 CEO를 그만뒀다고 보는 시각도 있다.

제넥신은 2020년 8월 7일 국내에서 가장 먼저 코로나19 백신 임상 1상에 진입했지만, 2022년 3월 11일 코로나19 백신 개발 중단을 선언했다. 제넥신은 DNA 기반 코로나19 백신 후보물질 GX-19N의 국내 임상 2a상을 마치고 글로벌 임상2/3상을 신청했지만 현재 세계 백신 시장 수급 상황에 비춰볼 때 사업성이 낮다고 판단해 글로벌 임상시험에 진입하지 않기로 결정했다고 밝혔다. 그러나 업계 관계자들은 제넥신이 코로나19 백신 개발에 실패했기 때문에 개발을 중단했으며, 그 중심에 S가 있다고 보고 있다. 반면 제넥신이 오너 경영에서 탈피해 전문경영인 체제를 도입한 것이라고 보는 긍정적 의견도 있다.

미국의 경우 교수가 창업하면 대부분 CSO를 맡고, CEO는 전문경영인에게 맡긴다고 한다. 교수 출신 CEO 가운데 일부는 '교수 출신은 CSO를 맡고, CEO는 전문경영인에게 맡겨야 한다'는 생각에 공감하지만 현실적으로 어려운 문제들이 있다고 했다. 바이오벤처를 창업하면 초창기 기업의 가치는 소위 잘 나가는 바이오기업보다 훨씬 작을 수밖에 없다. 매출이 없고 투자금도 작기 때문이다. 이런 상황에서는 역량이 있는 인재를 CEO로 영입하는 것이 현실적으로 불가능하다. 연봉 2~3억을 받는 전문경영인이 연봉 1억도 안 되는 신생 벤처기업의 CEO를 맡으려고 하겠냐는 것이다. 따라서 어느 정도 회사가 성장한 뒤에야 비로소 전문경영인 영입이 가능하다고 말했다. 이와 관련해 또 다른 바이오기업 CEO는 전문경영인의 풀을 늘리는 것이 하나의 방안이 될 수 있다고 조언했다. 수요와 공급의 원칙에 따라 전문경영인이 지금보다 많아지면 영입 비용을 낮출 수 있다는 것이다. 한국의 바이오산업이 한 단계 도약하기 위해서는 전문경영인 도입을 둘러싼 현실적인 괴리를 어떻게 극복할 수 있을지 심도 있게 고민해야 할 것이다.

자회사 설립
투자인가 꼼수인가

　기자라는 직업의 좋은 점 가운데 하나는 평소 만나고 싶었던 인물을 언제든 인터뷰할 수 있다는 것이다. 바이오기업 CEO와의 대담 프로그램을 진행하면서 예전부터 만나고 싶었던 크리스탈지노믹스 CEO를 인터뷰한 적이 있었다. 그는 국내 바이오벤처 1세대로, 바이오벤처로는 최초로 국내에서 신약개발 승인을 획득하기도 했다. 한마디로 국내 바이오벤처의 산증인인 셈이다. 머리가 희끗희끗한 노신사는 시종일관 온화하게 인터뷰에 응했고, 인터뷰 내내 즐거운 대화의 연속이었다.

　인터뷰 이후 어느 날, 크리스탈지노믹스는 언론사에 자회사를 설립한다는 내용의 보도자료를 보냈다. 내용인즉슨 섬유증 치료 신약개발 전문회사인 마카온을 설립한다는 것이었다. 국내에서 바이오기업들이 자회사를 설립하거나 다른 회사에 투자하는 것은 심심치 않게 있는 일이었다. 하지만 대기업도 아닌 바이오벤처에서 출발한 기업이 자회사를 설립한다는 것이 신선했다. 바이오기업은 왜 자회사를 설립하고, 그에 따른 장점과 단점은 무엇일까?

크리스탈지노믹스가 설립한 마카온은 섬유증 치료 신약개발 기업이다. 섬유증 치료 신약개발과 관련한 기술은 애초 크리스탈지노믹스가 보유한 신약개발 파이프라인 가운데 하나였다. 크리스탈지노믹스는 여러 파이프라인 가운데 하나를 떼어내 이를 전문적으로 개발하는 자회사를 설립한 것이다. 크리스탈지노믹스와 마카온은 1,070억 원 규모의 섬유증 치료 기술이전 계약을 체결했다. 이 가운데 48억 원은 계약금으로 먼저 받고, 나머지 금액은 추후 마일스톤(신약개발 과정 단계)에 따라 추가로 받는다. 임상 2상, 임상 3상 승인 과정에 따라 돈을 받는 것이다. 또 신약개발 완료 후 상용화되면 매출액에 따른 로열티도 별도로 받는다.

크리스탈지노믹스가 마카온을 설립하면서 기술이전의 형태로 자신이 보유한 파이프라인 하나를 떼어 준 것은 바이오기업들이 해외 기업 등 다른 기업과 진행하는 라이선스 아웃과 같은 형태다. 다만 기술이전의 대상이 해외나 국내 다른 기업이 아닌 자회사라는 점만 다를 뿐이다. 모회사가 자회사에 파이프라인을 떼어내 기술을 이전하는 것은 국내 바이오 업계에서는 흔히 있는 일이다. 또 신약개발을 진행 중인 바이오기업들이 다른 기업에 라이선스아웃을 하는 것도 비일비재한 일이다. 그렇다면 왜 바이오기업들은 자회사를 설립하거나 라이선스 아웃을 하는 걸까?

국내 바이오기업이 글로벌 라이선스 아웃을 진행하는 이유는 임상시험 비용이 너무 많이 들기 때문이다. 임상 2상과 임상 3상을 해외에서 진행한다고 할 때 대략적인 임상시험 비용은 2,000~3,000억 원에 달한다. 바이오기업의 입장에서는 해외 임상시험을 진행하는 데 천문학적인 비용이 드는 셈이다. 이러한 비용에도 불구하고 임상시험이 반드시 성공한다는 보장도 없다. 따라서 바이오 기업은 위험 회피 차원에서 라이선스 아웃 전략을 구사한다.

모회사가 자회사를 설립해 기술이전을 하는 이유도 마찬가지다. 국내에서 임상시험을 진행한다고 하더라도 해외만큼은 아니지만, 어느 정도 비용이 든다. 또 임상시험이 반드시 성공한다는 보장역시 없다. 이런 상황에서 자회사에 기술이전을 하면, 임상시험 실패에 따른 모회사의 손실을 최소화할 수 있다. 또 모회사의 파이프라인이 다수일 경우 몇 개 중요 파이프라인만 보유하고 나머지는 기술이전을 해 선택과 집중을 할 수 있다. 자회사의 입장에서는 모회사로부터 기술을 이전받은 만큼 향후 임상시험과 상업화에만 집중할 수 있다. 바꿔 말해 후보물질 발굴부터 전임상시험까지의 단계를 건너뛸 수 있다는 얘기다.

여기에 더해 모회사가 자회사를 설립하는 데에는 현실적인 이유도 있다. 바이오기업 A는 2020년 한 해에만 해외 기술이전으로 주가가 10배 정도 올랐다. A 기업 창업 초기에 입사한 직원들 일부는 자사주 매도나 스톡옵션 행사 등으로 적게는 수억 원에서 크게는 수십억 원의 차익을 거뒀다. A 기업 CEO의 표현대로라면 자기 회사 직원들은 자사주로 집 한 채 살 정도의 돈을 벌었다고 한다. 그런데 이런 차익은 창업 초기에 입사한 직원들이 누린 혜택이고, 최근에 입사한 직원들은 그 혜택을 누릴 수 없기 때문에 불만이 쌓일 수 있다. 이럴 때 유용한 방법 가운데 하나가 자회사를 설립하는 것이다. 자회사를 설립하면 자회사로 이직하는 직원들은 자사주를 받을 수 있다. 그리고 자회사가 나중에 코스닥 시장에 상장하거나 신약개발에 성공할 경우 자사주 매도나 스톡옵션 행사 등으로 차익을 거둘 수 있다. 회사 CEO의 입장에서는 직원들의 불만을 해소할 수 있으며, 더 나아가 직원들이 좀 더 열정적으로 일할 수 있는 동기를 부여할 수 있다. 자회사로 이직한 직원들의 경우 자회사가 성공해야 자신들의 보수가 높아지기 때문이다. 이런 관점에서 보면 바이오기업의 자회사 설립은 경제 논리에 따른 자연스러운 결과라고 볼 수 있다.

반면 자회사 설립을 꼼수라고 보는 시각도 있다. 가능성 있는 비상장 기업에 투자를 했는데 이 기업이 향후 코스닥에 상장을 하면 높은 수익률을 담보할 수 있기 때문에 외부 기관의 투자를 좀 더 쉽게 유치할 수 있다. 한마디로 투자 유치를 위한 꼼수라는 것이다. 여기에 더해 모회사와 자회사의 관계는 사실상 한 식구라고 볼 수 있다. 모회사가 자회사에 기술을 이전하는 것은 좋게 말해 기술이전을 하는 것이지, 사실상 자금의 흐름만 바꾸었을 뿐이다. 원래 모회사가 진행해야 할 신약개발을 마치 새로운 회사를 설립한 것처럼 둔갑시켜 코스닥 상장을 노리는 일종의 노림수라는 것이다.

물론 대부분의 바이오기업은 선의의 목적으로 자회사를 설립한다. 혹자는 모회사의 자회사 설립은 미국 등 선진국에서는 이미 일상화한 선진 금융기법이라고 말한다. 문제는 일부 바이오기업이 금융기법에만 너무 골몰한 나머지 본연의 임무인 신약개발보다 투자 유치나 코스닥 상장에 더 주력한다는 점에 있다. 염불에는 뜻이 없고 잿밥에만 마음이 있다고 해야 할까? 만약 그런 바이오기업이 있다면 그 피해는 고스란히 소액 주주들에게 돌아갈 수밖에 없다.

스타 CEO와
기획 상장

    기업 임원은 직장인들의 꿈이다. 평사원으로 입사해서 임원 한 번 해보는 것이 보통 직장인들의 소망이다. 임원이 되면 누릴 수 있는 혜택도 크다. 하지만 그만큼 임원이 되는 것은 쉽지 않다. 군대로 치면 기업 임원은 별을 단 장성에 비유할 수 있다. 임원들 가운데에서도 꽃은 단연 대표이사, 즉 CEO이다.

    한 바이오기업 CEO는 직장인의 꿈인 CEO를 여러 차례 하신 분이다. 서글서글하게 웃는 얼굴이 인상적인 그는 인터뷰를 하면서 몇 가지 재미있는 에피소드를 들려줬다. A 기업에서 CEO로 일을 할 때는 여러모로 힘들었다고 했다. 신약개발을 진행하면서, 해외 기술 수출 등 신경을 써야 할 게 한두 개가 아니었다는 것이다. B 기업 CEO를 맡았을 때는 매출이 안정적으로 발생하는 구조여서 상대적으로 일하기가 수월했다고 했다. 그는 현재 C 기업에서 세 번째

CEO를 맡고 있다.

C 기업은 일하기에 어떠냐는 필자의 질문에 A와 B의 중간 정도 되는 것 같다고 말했다. 그가 세 차례나 서로 다른 기업의 CEO를 한 것을 두고, '직업이 대표이사네요?' 라고 농담 삼아 묻자 멋쩍게 웃었다. 한 번 하기도 힘든 CEO를 세 번씩이나 한 것은 그의 경영 능력이 탁월하기 때문일 것이다. 실제로 필자가 인터뷰하면서 지켜본 그는 사교성과 사업 수완이 뛰어난 사람으로 보였다. 그런데 그가 현재 CEO를 맡은 기업과 이전의 두 기업은 약간의 차이가 있다. A와 B는 이름만 대면 누구나 아는 국내 굴지의 제약·바이오기업이다. 반면 C는 기술력이 뛰어나지만, A와 B에 비하면 다소 명성이 떨어지는 것이 사실이다. 그렇다면 소위 잘나가는 기업 CEO를 역임한 그가 왜 인지도가 다소 떨어지는 기업을 택했을까?

나이를 고려할 때 그가 A와 B 수준의 다른 기업 CEO를 맡기는 다소 힘들다는 현실적인 이유도 있었을 것이다. 또는 그가 자신의 경험을 바탕으로 신생 기업에서 자신의 역량을 한껏 펼쳐보고 싶은 욕망이 있었을 수도 있다. 통상 대기업 CEO를 하다가 벤처기업 CEO를 하기도 하지만, 벤처기업 CEO를 하다가 대기업 CEO를 하는 경우는 드물다고 한다. 대기업은 이미 모든 것이 갖춰져 있어 본인이 성취할 수 있는 것이 적지만, 벤처기업은 본인의 역량을 펼칠 수 있는 기회가 훨씬 더 많기 때문이다.

C 기업이 그를 영입한 이유를 살펴보면 다소 흥미롭다. C 기업은 교수 출신이 창업한 회사로, 이 분야에서 전문성을 보유한 유망

한 기업에 속한다. 창업자는 교수 출신답게 연구에서는 탁월한 성과를 냈지만, 안타깝게도 경영인으로서는 두각을 나타내지 못했다. 이런 상황에서 창업자가 CEO에서 물러나면서 전문경영인을 영입한 것이다.

CEO 영입 이후 C 기업은 급격하게 성장했다. 공격적인 인수합병 전략으로 해외 유망 바이오벤처를 인수합병했고, 국내 또 다른 바이오기업과 공동으로 미국 바이오기업을 인수했다. 다수의 국내 바이오기업과 공동개발 양해각서MOU도 체결했다. 이러한 성장세에 힘입어 C 기업은 코스닥에 무난히 상장했다.

하지만 CEO 영입 효과는 표면적인 성과보다는 회사 가치의 수직 상승에 있었다. 이를테면 잘나가는 CEO를 영입하면서 후광 효과를 톡톡히 봤다는 얘기다. CEO 영입 이전과 이후를 비교하면 기업의 내재 가치는 크게 변하지 않았다. 하지만 기업의 덩치는 늘어났고 회사 이미지는 급상승했다. 또 코스닥 상장으로 자금 조달도 훨씬 수월해졌다. 바이오 업계에서는 이러한 현상을 '스타 CEO 효과'라고 한다.

그렇다고 CEO가 일을 하지 않았다는 것은 아니다. 오히려 해외 기업 인수합병은 CEO의 경영 능력이 탁월하다는 점을 방증한다. 인수합병은 비단 바이오 분야뿐만 아니라 다른 산업 분야에서도 매우 중요한 경영 전략 가운데 하나다. 바이오 천국으로 불리는 미국의 경우 인수합병은 빈번하며, 소위 1등급 제약·바이오기업으로 불리는 글로벌 빅파마는 대부분 유망 바이오벤처 인수합병을 통해 신약개발 파이프라인을 넓혀간다. 물론 그 바이오벤처가 지금까지는 없었던 새로운 방식의 신약, 즉 혁신 신약을 개발한다는 전제이기는 하다. 이런 바이오벤처는 소위 상위 1퍼센트에 드는 알짜 기업이다. 업계 관계자들은 만약 C 기업이 CEO를 영입하지 않았다면 코스닥 상장이 상당히 지연됐을 것으로 판단하고 있다. 역량이 있는 전문경영인을 영입해 회사가 추구하는 소기의 목적을 달성하는 것은 그 회사의 경영 전략으로, 누구도 뭐라고 할 사안은 아니다.

흔히 기획 부동산이라는 말이 있다. 이와 비슷하게 바이오 업계에서는 C 기업의 코스닥 상장을 두고 기획 상장이라는 말이 나돌기도 했었다. 필자는 이는 소문일 뿐 실체적 진실과는 아무런 상관이 없다고 생각한다. 다만 탄탄한 기술력과 실력, 즉 내재적 가치가 아닌 기타 요인이 더 중요하게 작용하는 회사가 있다면, 그 회사에 투자하는 것은 주의해야 한다.

기술특례 상장의
두 얼굴

취재차 만난 바이오기업 엑소코바이오 CEO는 열정이 대단했다. 그는 회사의 주요 사업 계획을 한 시간가량 설명했다. 그는 엑소코바이오가 약 1년 후에 코스닥에 기술특례로 상장할 예정이라고 했다. 그로부터 8~9개월이 지난 뒤 다시 그를 만날 기회가 있어 코스닥 상장 일정을 물어봤더니 예정보다 1년 정도 늦춰질 것 같다고 말했다. 그래서 특별한 이유가 있느냐고 물었더니 2020년 초 한국거래소가 기술특례 상장 요건을 몇 가지 추가했는데, 이 때문에 부득이하게 상장 일정이 연기됐다고 설명했다.

몇 주 뒤 비상장 바이오기업을 운영하는 또 다른 CEO를 만났다. 그는 필자에게 한국거래소가 추가한 코스닥 기술특례 상장 요건의 구체적인 내용을 아느냐고 물었다. 2021년 상반기 코스닥 상장을 목전에 둔 바이오기업의 공통적인 관심사는 한국거래소의 상장 요건 강화였다. 그리고 많은 바이오기업이 기술특례 상장을 미룰 수밖에 없었다. 필자가 인터뷰했던 두 기업도 예외는 아니었다.

한국거래소가 기술특례 심사 기준을 강화한 이유를 한 문장으로 요약하면 다음과 같다. 기술력이 뛰어난 것은 알겠는데, 그래서 돈은 언제부터 벌 수 있느냐는 것이다. 한국거래소가 상용화 여부를 중점적으로 평가하겠다고 나선 것은 최근 2~3년간 코스닥에 상장한 바이오기업들이 보여준 행태와 무관하지 않다.

바이오기업에게 2019~2020년은 무덤과 같은 해였다. 국내를 대표하는 바이오기업으로 주목받던 몇몇 기업이 줄줄이 추락했기 때문이다. H 기업은 미국 임상시험 실패로 주가가 고점 대비 절반 이하로 떨어졌고, S 기업은 임상시험 실패와 부실 경영으로 상장 폐지 위기에 몰렸다. K 기업의 치료제는 한국 식품의약품안전처로부터 품목허가가 취소됐다.

바이오기업 대부분은 코스닥에 상장할 때 기술력을 평가받는 기술특례를 통해 상장한다. 기술특례 상장 제도는 당장 수익성은 낮지만 성장 가능성이 높은 기업이 주식 시장에 상장할 수 있도록 상장 심사 기준을 낮춰주는 제도로, 2005년 도입됐다. 신약을 개발할 때 보통 10년 이상의 오랜 기간이 걸리기 때문에 실제 매출이 발생하기까지는 많은 시간이 걸린다. 그래서 대부분의 바이오기업은 임상 1상이나 임상 2상을 진행하는 단계에서 기술특례 상장을 추진한다. 하지만 임상시험의 성공 확률이 극히 낮기 때문에 상장한 바이오기업 가운데 최종 임상시험까지 성공한 기업을 찾기 힘들다. 문제는 바이오기업이 임상시험에 실패할 경우 미래 성장 가능성을 보고 투자한 일반 투자자들이 막대한 피해를 본다는 점에 있다.

한국거래소가 기술특례 상장 요건을 강화하기 전까지 대부분의 바이오기업은 임상시험에 진입했다는 점을 부각해 코스닥에 상장했다. 물론 임상시험에 진입하는 것 자체도 쉬운 일은 아니다. 대부분의 바이오기업은 글로벌 임상시험 진입을 위해 최선의 노력을 다한다. 또는 글로벌 임상시험의 비용이 수천억 원을 호가하기 때문에 때로는 기술을 이전하는 라이선스 아웃 전략을 취하기도 한다. 이런 기업은 나름대로 성공을 위해 최선을 다하는 기업이다. 그런데 간혹 미꾸라지 한 마리가 연못을 흐리는 것처럼 어이없는 행태를 보이는 기업도 있다. 이런 기업은 미국이나 유럽이 아닌 임상시험 허가 문턱이 훨씬 낮은 나라에서 임상시험에 진입한 다음 이를 근거로 기술특례 상장을 추진한다. 물론 기업의 속사정을 들여다보면 그럴 만한 이유가 있겠지만, 업계에서는 상장을 위한 꼼수라고 보는 비판적인 시각이 존재한다. 좀 더 적나라하게 말하면 임상시험 성공에는 별 관심이 없고, 그저 임상시험 진입만을 목표로 하는 기업들이 있는 것이다. 그들의 목표는 단 하나, 코스닥 상장이다.

2021년을 기준으로 최근 5년간 코스닥 시장은 바이오기업 상장 열풍이었다. 시장의 자금이 미래 먹거리로 꼽히는 바이오 분야에 쏠리면서 우후죽순 바이오기업들이 생겨났고, 바이오기업이라면 '상장 불패'라는 용어까지 등장했다. 상장 불패라는 말은 별 내용이 없는 바이오기업도 바이오 붐에 휩쓸려 상장했다는 의미도 담고 있다.

특히 바이오 분야에 특화한 몇몇 증권사가 IPO^{initial public offering}를 맡으면 99퍼센트 상장한다는 소문이 돌기도 했다. 바이오라면 '묻지마 투자'를 하던 투자자들도 몇몇 기업의 실패 사례가 나오자 경각심을 갖기 시작했고, 급기야 바이오 투자 회의론이 일기 시작했다.

상황이 이러하자 한국거래소가 칼을 빼 들었다. 그동안 기술특례 제도에서는 수익성을 보지 않았지만, 이를 묵과하기에는 시장 교란과 투자자 피해가 막대하다고 판단한 것이다. 예를 들어 앞으로는 한국거래소가 상장 요건을 심사할 때 임상시험이 어떤 단계에 있는지만 보지 않는다. 임상시험 설계의 목적, 임상 프로토콜의 합리성 등을 꼼꼼히 들여다본다. 기술이전도 단순히 기술이전의 개수보다는 기술이전 상대 회사의 인지도, 계약금 규모, 전체 기술이전료, 기술이전 후 상대방의 기술 개발 진행 정도 등 조금 더 구체적인 내용을 살펴본다. 한마디로 말해서 현재 임상시험을 진행하든, 기술이전을 추진하든 상관없이 앞으로 돈을 못 벌 것 같으면 상장하기 힘들다는 일종의 경고를 날린 셈이다.

2021년 초 기술특례 상장 요건 강화 이후, 무풍지대나 다름없었던 바이오 업계에 자정의 바람이 불 것이라는 긍정적인 평가가 나왔다. 반면 일각에서는 기술특례 상장인데 수익성까지 따지면 사실상 의미가 퇴색하는 것이라는 비판적인 목소리도 있다. 즉, 기술특례 상장과 일반 상장이 다를 게 없다는 얘기다. 한국거래소의 요건 강화가 앞으로 바이오기업의 기술특례 상장에 어떤 영향을 미치고, 이로 인해 전체 바이오기업의 건전성에는 또 어떤 영향을 미칠지는 현재로서는 예단하기 어렵다. 다만 현재 바이오 시장은 어느 정도의 자정이 필요하고 업계가 스스로 할 수 없다면 외부의 충격도 필요하다는 것이 필자의 판단이다.

기술특례 상장은 어디까지나 주식 시장을 통해 자금을 확보하기 위한 하나의 방편이지, 회사의 본질적인 가치가 변하는 것은 아니다. 본 게임은 사실 기술특례 상장 이후부터다. 한국거래소는 기술특례로 코스닥에 상장한 기업에는 상장 후 5년이 지나면 연 매출 30억 원을 요구한다. 뛰어난 기술력을 믿고 코스닥에 상장시켰는데, 정작 기술이 부실하거나 회사 경영을 잘 못해 회사가 망하거나 투자자가 손실을 보는 것을 방지하기 위해서다. 바꿔 말하면 상장 5년까지는 연 매출 30억 원을 유예해줄 테니, 그사이 기술을 상용화하라는 얘기다. 취지는 좋지만, 바이오기업의 입장에서 보면 쉽게 받아들이기 어렵다. 바이오기업의 목표는 대부분 신약개발이다. 신약개발은 여러 차례 설명했듯이 매우 긴 기간이 필요하다. 기술력이 뛰어나고 자금력이 풍부한 바이오기업이 신약개발에 나서도 평균 10년 이상이 걸린다. 기술특례 요건이 강화되기 전에는 대부분의 바이오기업들이 임상 1상 진입 시점에서 코스닥에 상장했다. 기업의 역량에 따라 차이는 있을 수 있지만, 임상 1상 진행 중에 코스닥에 상장했다고 가정할 경우 5년 이내에 신약 최종 승인을 받아 상용화까지 기대하는 것은 거의 불가능에 가깝다. 신약을 개발하는 바이오벤처에게 상장 후 5년 내에 신약개발을 완료해 매출을 만들어내라고 요구하는 것 자체가 무리수라는 얘기다.

그렇다면 기술특례로 코스닥에 상장한 기업들은 상장 5년 후 연 매출 30억 원을 어떻게 달성할까? 바로 이 지점에서 바이오기업이 신약개발이 아닌 다른 사업을 하는 기업으로 탈바꿈한다. 가장 보편적인 사업은 건강기능식품을 판매하는 것이다. 요즘은 장내 미생물이 워낙 뜨거운 주제다 보니, 장내 미생물과 관련한 건강기능식품을 만들어 파는 회사가 부지기수다. 실제 건강기능식품을 만들어 팔기도 하고, 건강기능식품을 만드는 다른 회사를 인수하기도 한다. 건강기능식품 이외에도 기능성 화장품, 임상시험을 대행하는 CRO 서비스, 유전자 분석 서비스 등 각 기업에 적합한 부가 사업을 시작한다. 이유는 단 하나, 연 매출 30억 원이라는 기준을 채우기 위해서다.

　　기업이 다양한 사업으로 돈을 버는 것을 두고 제3자가 왈가왈부할 사안은 아니다. 경제적인 측면에서 보면 기업은 할 수 있는 모든 사업을 해서 가능한 많은 돈을 버는 것이 가장 좋다. 그런데 과학의 측면에서 보면 꼭 그렇지는 않다. A라는 바이오기업의 본업은 신약개발이다. 그것도 현재 가장 뜨는 분야이며, 전 세계적으로도 경쟁력이 충분히 있는 것으로 평가받는다. 그렇다면 A 기업은 회사의 모든 역량을 동원해 신약개발 성공을 향해 매진해야 한다. 전사적인 역량을 동원해도 성공보다 실패 확률이 더 높은 것이 신약개발이다. 그런데 현실은 녹록하지 않다. A 기업의 CEO는 신약개발도 해야 하지만, 매출도 고민해야 한다. 이런 고민이 깊어지다 보면, 임상 1상이 끝날 무렵 적절한 수준에서 기술이전을 할 수도 있다. 시간과 돈이 좀 더 있다면, 임상 3상까지 완주할 수도 있지만, 여러 외부 요인으로 중간에서 매출을 발생시키는 방법을 택하는 것이다. 실제로 부대사업을 하지 않는 바이오기업의 경우 유일한 매출 창출은 이 방법 외에는 없다. 물론 바이오기업이 수천 억 원의 비용이 드는 임상 3상까지 단독으로 진행하는 것은 현실적으로 불가능에 가깝기는 하지만 말이다.

바이오기업이 처한 신약개발의 현실을 들여다보면 상장 5년 후 연 매출 30억 원 창출은 혹독한 잣대일 수 있다. 반면, 이 제도는 부실한 바이오기업을 퇴출할 수 있는 자정 기능도 수행한다. 부실한 기술력으로 투자자의 돈을 떼먹으려는 부도덕한 기업은 시장에서 퇴출해야 마땅하다. 하지만 기술력이 있는데도 여러 요인으로 아직 매출이 창출되지 않는 기업에 대해서는 별도의 안전장치를 마련해주는 것도 곱씹어 볼 문제라고 생각한다.

기술 수출
호재인가 약재인가

2022년 1월 국내 바이오기업 에이비엘바이오(이하 ABL)는 개발 중인 파킨슨병 신약후보물질을 1조 2,000억여 원에 글로벌 제약사 사노피에 기술이전했다. 이 가운데 계약금은 900억여 원이며 나머지 1조 1,100억여 원은 마일스톤에 해당한다. 계약금인 업프런트는 반환 조건 없이 받는 돈이고, 마일스톤은 임상시험에 성공할 때마다 받는 돈이다. 임상 1상, 2상, 3상에 성공할 때마다 일부를 받고, 최종 사용 승인을 받으면 나머지를 받는다. ABL은 동물실험 단계에서 기술이전을 했기 때문에 임상 1상 성공 때부터 마일스톤을 받을 수 있다. 그런데 임상시험은 성공할 수도 실패할 수도 있기 때문에 1조 2,000억여 원은 아직 실현되지 않은 미래 가치까지 포함한 금액이다. 따라서 기술이전에서 중요한 것은 계약금이다. ABL은 총 금액의 10퍼센트에 조금 못 미치는 900억여 원을 계약금으로 받았다. 미국의 유망 바이오기업도 기술이전을 하면 총 계약 금액의 5퍼센트를 계약금으로 받는다고 한다. 이런 점 때문에 바이오 업계는 사노피가 ABL의 기술 가치를 높게 평가했다고 보고 있다.

바이오기업 입장에서는 사실 신약개발의 중간 단계에 기술이전을 하는 것보다는 최종 승인까지 완주하는 것이 나을 수 있다. 힘들게 연구한 원천 기술을 끝까지 개발하는 것이 더 의미가 크기 때문이다. 그런데도 바이오기업이 중간 단계에서 기술이전을 하는 가장 큰 이유는 현금 확보 때문이다. 바이오기업 대부분은 신약이 승인을 받아 상용화되기 전까지 매출이 없다. 하지만 기술이전을 하면 계약금을 받을 수 있다. 이 돈은 다른 연구에 투자할 수도 있고 자금이 긴급한 회사 운영에 투입할 수도 있다. 한마디로 기술이전으로 인해 회사 운영의 숨통이 트이는 셈이다. 또 글로벌 임상시험에 워낙 많은 비용이 들어가기 때문에 바이오기업 혼자서는 진행하기 어렵다는 현실적인 이유도 있다. 임상 3상만 하더라도 대략 수천억 원의 비용이 든다. 한국에서 이 정도의 비용을 감당할 수 있는 바이오기업은 사실상 찾기 힘들다. 이런 문제를 극복하기 위한 전략으로 바이오기업들은 다수의 기술이전을 통해 자금을 축적한 뒤 이를 기반으로 나중에 임상시험까지 직접 진행하는 것을 목표로 하고 있다.

아무리 좋은 물건도 사려는 사람이 있어야 팔린다. 바이오기업의 기술이전도 마찬가지다. 기술을 사려는 기업이 있어야 계약이 성립된다. 그러면 대형 제약사·바이오기업은 왜 비싼 돈을 지급하고 기술이전을 받는 걸까? 이런 상황을 가정해보자. 한 바이오벤처가 어떠한 질병의 신약후보물질을 개발 중이다. 그런데 공교롭게도 경쟁 관계인 글로벌 파마 두 곳 역시 같은 질병의 신약후보물질을 개발하고 있다. 경쟁 관계인 두 기업 중 한 기업이 먼저 신약을 시장에 출시하면 나머지 기업은 전체 매출에서 밀릴 수 있다. 그래서 어떻게든 상대 기업의 신약 출시를 저지하려고 할 것이다. 이럴 때 사용하는 방법 가운데 하나가 바이오벤처가 개발하는 신약후보물질을 사서 경쟁 기업보다 먼저 신약을 출시하는 것이다.

또 다른 예를 들어 보자. 한 바이오기업이 신약후보물질을 개발 중이다. 그런데 다른 바이오벤처가 같은 질병의 신약을 개발 중이라는 것을 알게 됐다. 게다가 개발 중인 신약후보물질의 효능이나 개발 속도가 자신들보다 앞서 있다. 이럴 때 바이오기업은 바이오벤처의 신약후보물질을 산 다음 폐기해 버린다. 경쟁사의 경쟁 물질을 시장에 나오지 못하게 사장해버리는 것이다.

전자의 경우에는 기술을 산 기업이 개발을 완수하려는 목적이 뚜렷하다. 하지만 후자의 경우에는 기술을 산 기업이 구태여 개발을 할 목적이 없다. 기술을 산 기업은 기껏해야 계약금만 날린 것이지만, 기술을 판 벤처는 미래 수입인 마일스톤까지 날리는 꼴이 된다. 그렇다고 기술을 산 기업이 일방적으로 기술을 폐기할 수는 없다. 구체적인 기술이전 계약서 내용에 따라 다르겠지만 대부분의 경우 특별한 이유 없이 기술을 폐기할 수 없도록 안전장치를 마련해둘 것이다.

기술을 반환하는 경우도 있다. 기술을 산 기업의 임상시험 실패, 회사 경영상의 사유 등 이유는 다양하다. 흔하지는 않지만 반환된 기술을 다른 기업에 다시 기술이전하는 사례도 있다. 2020년 8월 한미약품은 미국 MSD에 비알코올성 지방간염 신약후보물질을 기술이전했다. 이 물질은 앞서 2015년 글로벌 제약사 얀센에 비만·당뇨 신약후보물질로 기술이전했는데, 얀센이 2019년 반환했다. 얀센은 비만 환자 대상 임상 2상에서 1차 평가 지표인 체중 감소 목표치에는 도달했으나, 당뇨 동반 비만 환자의 혈장 조절이 내부 기준에 미치지 못해 권리 반환을 결정했다고 공시했다. 한미약품의 사례는 기술이 반환되더라도 적응증 변경 등을 통해 다시 기술이전할 수 있다는 점을 시사한다.

글로벌 빅파마의
생존 전략

2020년 세계 최초로 미국 FDA의 긴급사용 승인을 받은 코로나19 백신은 미국 제약사 화이자가 개발한 mRNA 방식의 백신이다. 화이자는 코로나19 백신 외에도 비아그라를 비롯한 블록버스터 의약품을 다수 보유하고 있어, 명실상부한 글로벌 톱5 수준의 빅파마로 꼽힌다.

화이자가 워낙에 큰 제약사이기 때문에 일반인들은 화이자가 코로나19 백신을 개발한 것으로 알고 있다. 하지만 화이자의 코로나19 백신은 독일 바이오기업 바이오엔테크가 개발했다. 여기서 바이오엔테크가 코로나19 백신을 개발했다는 말은 바이오엔테크가 mRNA 백신의 원천기술을 개발했다는 뜻이다. 신약개발의 단계로 보면 인체 임상시험 전 단계까지를 바이오엔테크가 담당했다. 주지하다시피 인체 임상시험은 1상, 2상, 3상의 단계를 거쳐야 하며 수천

억 원의 비용이 든다. 벤처기업 수준의 바이오엔테크가 수천억 원의 비용이 드는 임상시험을 단독으로 수행하기에는 역부족이다. 그래서 바이오엔테크는 거대 제약사인 화이자와 손을 잡고 임상시험을 진행했다. 사실상 화이자가 수천억 원을 들여 임상시험을 진행했다고 보는 것이 맞는다.

코로나19 백신 개발 이전에도 이미 연간 수십조 원의 매출을 올리고 있던 화이자 입장에서는 자체 자금으로 임상시험을 진행하는 것이 별로 부담스러운 일은 아니다. 그래서 화이자는 코로나19 백신 임상시험을 진행할 때 미국 정부의 지원금을 한 푼도 받지 않았다. 그 이유는 자체적으로 자금을 조달할 수 있었기 때문이기도 하지만, 나중에 백신 개발에 성공했을 때 미국 정부의 입김으로부터 자유롭고 싶었기 때문이다. 아무래도 정부 지원금을 받으면 개발에 성공했을 경우 정부의 요구사항을 어느정도 받아들여야 하는 부분이 있다. 정부 지원금을 받은 기업에게는 나중에 백신이 상용화됐을 때 가격 책정에 정부가 관여할 여지가 다소 있지만, 지원금을 전혀 받지 않은 기업에게는 그럴 수가 없다. 그래서 화이자의 코로나19 백신 가격은 모더나의 코로나19 백신에 이어 세계에서 두 번째로 비싸다.

다시 본론으로 돌아가면 화이자는 바이오엔테크의 코로나19 백신 원천기술을 산 것이다. 흥미로운 점은 화이자의 이 같은 전략이 비단 코로나19 백신 개발에만 국한하지 않는다는 점이다. 더 나아가 화이자뿐만 아니라 글로벌 빅파마 대부분은 임상시험 이전 단계, 즉 신약후보물질 발굴과 원천기술 개발 등을 직접 진행하지 않는 경향이 있다. 전 세계를 대표하는 글로벌 제약사가 신약개발의 앞 단계를 직접 하지 않는다고 하면 이게 무슨 말인지, 어리둥절한 독자들도 꽤 많을 것이다.

　글로벌 제약사가 신약개발의 핵심이라고 할 수 있는 후보물질 발굴에 직접 뛰어들지 않는 이유는 무엇일까? 신약개발 단계에서 후보물질을 발굴하는 단계는 과학적인 요소가 강하다. 이전에는 존재하지 않았던 새로운 물질을 발굴하는 것 자체가 바이오 사이언스를 기반으로 하지 않으면 불가능하기 때문이다. 한 마디로 R&D 가운데 연구R의 영역은 대학교수나 연구소 연구원 등 과학자들이 주로 하는 분야다. 후보물질 발굴 단계는 연구 자체도 어렵지만, 기간도 오래 걸린다. 반면 후보물질 발굴 이후 동물실험, 즉 전임상부터 인체 임상시험의 단계는 개발D의 영역이다. 이 단계에서는 과학적 요소보다는 자본력이 중요하게 작용한다. 임상시험은 사실상 돈으로 참가자를 모집해 진행하는 것이기 때문이다. 빅파마의 입장에서는 후보물질 발굴은 벤처기업이나 대학교수, 연구원들이 연구하던 것을 사는 것이 훨씬 이득이다. 막대한 자본력으로 될성부른 나무를 일찌감치 발굴해서 싼 가격에 산 다음 나머지 단계를 진행하는 전략이다. 이를 위해서 화이자와 바이오엔테크처럼 협업하는 경우도 있지만 대개의 경우 작은 규모의 벤처를 빅파마가 인수한다. 해외 사례를 보면 괜찮은 후보물질을 발굴한 벤처 수준의 바이오기업이 인수되는 사례가 허다하다.

　면역세포 치료제 CAR-T를 개발한 카이트 파마를 길리어드 사이언스가 119억 달러(한화 약 14조 1300억 원)라는 거금에 인수했다. 카이트 파마를 인수한 길리어드 사이언스도 처음에는 작은 벤처기업이었다. 1987년 설립된 길리어드 사이언스는 2008년까지 이렇다 할 성과가 없는 회사였다. 그러다가 2009년 신종플루가 유행하면서 세계 최초로 신종플루 치료제 타미플루를 개발해 일약 스타덤에 올랐다. 타미플루 특허기술을 스위스의 대형 제약사 로슈에 이전한 길리어드 사이언스는 기술이전 대가로 받은 수조 원을 연구개발에 재투자했다. 길리어드 사이언스가 타미플루를 통해 덩치가 큰 기업으로 성장하자, 이제는 상대적으로 작은 기업인 카이트 파마를 인수한 것이다.

길리어드 사이언스의 사례는 바이오벤처가 어떻게 돈을 벌고 또 어떻게 연구에 재투자할 수 있는지를 명확하게 보여준다. 또 카이트 파마의 사례는 신생 바이오벤처가 어떻게 신약개발의 열매를 딸 수 있는지를 알려준다. 화이자와 바이오엔테크의 협업, 길리어드 사이언스의 카이트 파마 인수, 길리어드 사이언스의 타미플루 특허권 로슈 이전 등은 모두 미국의 바이오 생태계가 건전하며 투자의 선순환이 매우 잘 돌아가고 있다는 점을 방증한다.

그렇다면 한국의 현실은 어떨까? 한국에서도 바이오 분야에서 투자가 활발하게 이뤄지고 있는 것은 사실이다. 하지만 미국의 경우와는 조금 다르다. 미국은 빅파마가 바이오벤처를 인수할 때 제값을 주고 인수한다. 노력에 대해 정당한 보상을 한다는 것이다. 그러나 한국의 경우에는 큰 기업이 작은 기업을 인수하려고 하지 않는다. 상생보다는 독자생존하려는 문화가 더 강하기 때문이다. 유망한 아이템과 기술력이 있는 작은 기업과 협력하기보다는 그 기업을 시장에서 몰아내려고 한다. 과거 1999~2000년 초 IT 벤처 붐이 일었을 때가 딱 그랬다.

그로부터 20여 년이 지난 2021년 현재 시점에서는 어떨까? 2021년 CJ제일제당이 장내 미생물 바이오기업 천랩을 1,000억여 원에 인수한 것은 바이오 업계에서는 이례적인 일로 평가받았다. 대기업이 벤처기업을 인수하는 것이 그동안 흔하지 않았기 때문이다. 이와 관련해서 제약·바이오 업계는 장내 미생물 시장이 아직 초기 단계여서 막대한 자금이 필요한데, 큰 기업이 인수한다면 분명 상승효과가 있을 것이라고 평가했다. 쉽게 말해 인수로 인해 양사의 이득이 절묘하게 맞아 떨어졌다는 얘기다. 다행히 천랩의 인수 과정이 과거 IT 붐 때처럼 후려치기 식은 아닌 것으로 업계는 평가하고 있다.

2020~2021년 한국의 대기업들은 작든 크든 바이오 사업 진출을 꾀하고 있다. 바이오가 미래 먹거리라고 인식하고 너도나도 바이오 산업에 나서고 있는 것이다. 이런 현상은 한국의 바이오산업을 키울 수 있다는 점에서 매우 긍정적이다. 2021년 현재 바이오 분야 시가 총액 기준 국내 1위의 기업도 글로벌 수준에서 보면 그다지 큰 회사가 아니다. 앞서 설명했듯이 해외 빅파마들은 지속적인 인수·합병 등으로 덩치를 키워나가고 있다. 규모의 경제가 바이오 분야에서도 진행되고 있는 것이다. 한국의 바이오산업이 지금보다 더 발전하기 위해서는 글로벌 수준의 규모의 경제를 갖춰야 할 것이다. 이를 위

한 전략 가운데 하나가 바이오기업(벤처)과 대기업이 협력을 통해 경쟁력을 갖추는 것이라고 업계 관계자들은 입을 모은다. 여기에 더해 협업이든 투자든 인수든 합병이든 정당한 노력(연구)에는 그에 상응하는 대가를 지불하는 문화 역시 반드시 자리 잡아야 할 것이다.

한국의 연구개발^{R&D} 분야에는 성실 실패라는 용어가 있다. 성실 실패는 성실하게 연구개발을 수행했지만, 결과가 좋지 않아 최종적으로 연구개발에 실패했다는 뜻이다. 비록 연구개발에는 실패했지만, 그 과정에서 최선을 노력을 다했기에 실패에 따른 책임을 과도하게 묻지 말자는 것이 성실 실패 제도의 취지다.

성실 실패 제도가 도입되기 이전 한국의 연구개발 현장에는 R&D 성공률 99.9퍼센트라는 용어가 있었다. 이는 정부에서 연구개발 지원금을 받은 대학교수나 정부출연 연구기관 연구원, 기업 연구원이 정부가 발주한 연구개발 사업이나 과제를 수행하면 성공률이 99.9퍼센트에 달했기 때문에 나온 말이다. 교수나 연구원이 그 분야에 정통하고 아무리 연구를 잘한다고 해도 연구개발 성공률이 99.9퍼센트라는 것은 어불성설이다.

그렇다면 한국에서는 어떻게 연구개발 성공률 99.9퍼센트가 가능했을까? 한마디로 말하면 정부 연구개발 사업을 진행하는 교수나 연구원들이 성공하기 쉬운 연구 위주로 정부 과제를 수행했기 때문이다. 여기서 말하는 성공하기 쉬운 연구는 이미 해외에서 누군가 해놓은 연구, 기술적으로 별로 어렵지 않은 연구, 좀 더 오랜 시간을 두고 연구를 지속하면 더 좋은 성과를 낼 수 있지만 중간에 적당히 끊는 반 토막 연구, 연구개발비를 발주하는 정부 부처 공무원을 신발이 닳도록 찾아가 간신히 연구과제를 따내는 신발 끈 연구, 학연과 지연·인맥 등 온갖 수단을 동원해 연구과제를 따내는 끼리끼리 연구 등을 의미한다.

안타깝지만 이게 불과 몇 년 전까지의 한국의 연구개발 현실이었다. 한국 정부가 발주하는 연구개발 사업의 성공률은 99.9퍼센트라는 경이로운 수치를 기록했지만, 정작 이들 연구개발 사업 가운데 실제 상용화로 이어졌다거나 노벨상에 필적하는 해외 유수 기관의 상을 받은 연구 성과는 극히 드물다. 사실상 거의 없다고 봐도 무방할 지경이다. 이런 상황에서 어느 날 높은 자리에 있는 분이 R&D 성공률이 99.9퍼센트인데 왜 상용화 제품은 없고, 노벨상은 안 나오는 것이냐고 관계 부처에 물어봤다고 한다. 자신의 상식으로는 도저히 이해할 수 없는 일이 과학계 내에서 버젓이 벌어지고 있었기 때문이다.

이에 따라 정부가 내놓은 대책이 바로 성실 실패 제도다. 연구비를 따내기 위해 연구하기 쉽고, 그래서 성공하기 쉬운 연구는 이제 그만하고 남들이 하지 않지만 미래 발전 가능성이 큰 도전적이고 창의적인 연구를 해라, 대신에 성실하게 연구를 수행했을 때에는 실패 책임을 묻지 않겠다는 것이 성실 실패 제도다. 성실 실패 제도 이전에는 한국 사회에서 정부 연구개발 과제를 수주한 과학자가 해당 연구개발 과제에 실패하면, 직간접적으로 벌칙이 적용됐다. 직접적으로는 다음번 정부 연구개발 과제에 응시할 경우 과제를 수주할 가능성이 극히 낮았다. 사실상 탈락이다. 간접적으로는 과학계에서 무능한 연구자로 낙인이 찍혔다. 그러나 성실 실패 제도는 연구개발 과제에 실패해도 성실하게 수행했다고 인정되면 다음 과제에서 자동으로 탈락하는 벌칙을 적용하지 않는다. 무능한 연구자로 낙인이 찍히는 것은 개개의 과학자가 나름의 잣대로 평가하는 것이기 때문에 정부가 어떻게 할 수 있는 문제는 아니다. 이 문제는 오히려 문화적인 요소와 관련이 깊다. 쉽게 말해 실패를 인정하는 관용의 문화가 한국 사회에 정착해야 비로소 실패는 무능이라는 낙인을 피할 수 있다. 2021년 현재 시점에서 한국 사회에서 관용의 문화가 얼마만큼 자리 잡았는지는 사실상 계측하기 어렵다. 다만 과거보다는 아주 조금이라도 관용의 문화에 한 발짝 다가섰을 것으로 기대할 뿐이다.

관용의 문화와 성실 실패 제도는 정부 연구개발 과제뿐만 아니라 신약개발에서도 중요하다. 신약개발은 성공보다 실패 확률이 절대적으로 더 크다. 미국과 같은 바이오 최강국가에서조차 신약개발 성공률은 10퍼센트도 채 되지 않는다. 한국의 바이오 기술력이 이전과는 비교할 수 없을 정도로 향상했지만, 여전히 선진국과 비교하면 격차가 심하다. 그렇다면 결론은 자명하다. 한국에서 신약개발로 성공하는 것은 낙타가 바늘구멍을 통과하기보다 어렵다. 이런 관점에서 신약을 개발하는 바이오기업이 설사 신약개발에 실패했을 때 무조건 욕하는 것은 타당하지 않다. 비록 실패했지만, 최선을 다해 노력했다면 격려의 박수를 보내는 것이 오히려 맞는다. 그래야 기업들은 한 번 실패했다고 좌절하지 않고 다음 신약개발에 도전할 수 있기 때문이다. 대신 별다른 노력도 하지 않고, 투자자들의 돈만 축내는 이른바 도덕적 해이를 일삼는 기업에는 철퇴를 내려야 한다. 개인 투자자라고 손을 놓고 있을 게 아니라, 개미들끼리 연합해 주주총회에서 대표이사 해임이라도 떳떳하게 요구할 수 있을 것이다.

신약을 개발하는 바이오기업 CEO들을 만나 대화를 나눠보면 '신약개발은 언제든지 실패할 수 있다. 그러니 이 점을 인정하자'라는 말을 가장 많이 한다. 신약개발은 굉장히 긴 기간과 많은 돈이 들면서도 성공하기 무척이나 힘든 분야다. 이런 어려운 길을 꿋꿋이 걷는 기업이 있다면 마음속으로라도 응원을 해주면 어떨까.

출렁이는 주가
바이오 주식 투자

망했다고 아우성을 칠 때 사고, 뉴스에 팔라는 말이 있다. 바로 주식 투자 얘기다. 2020년은 한국 주식 투자에서 기념비적인 해로 기록됐다. 코로나19가 발생하기 직전인 2019년 12월 30일 코스피 지수는 2,197로 마감됐다. 하지만 코로나19가 유행하면서 전 세계는 감염병 확산의 공포에 휩싸였고, 급기야 코스피 지수는 2020년 3월 19일 1,457까지 고꾸라졌다. 이후 국내 코로나19 진단키트 개발과 수출 호조, 국산 치료제와 백신 개발 등의 호재가 이어지면서 2021년 1월 6일 코스피 지수는 장중 역사적인 신고점인 3,000을 뚫었다. 2020년 3월 저점을 기준으로 2배 이상이 오른 것이다. 한국 증시의 급등은 코로나19라는 특수한 상황에서 상대적으로 짧은 기간에 일어난 이례적인 현상이다.

처음에는 진단키트가 주식 시장 상승을 주도했다. 한국 정부는

2월~4월 세계 최초로 코로나19 진단키트를 긴급 승인했고, 한국의 진단키트는 전 세계로 수출됐다. 당시 미국과 유럽의 진단키트 생산 공장은 대부분 중국에 있었는데, 중국이 코로나19 발생으로 봉쇄 조치를 하면서 진단키트 생산과 수출이 여의치 않은 상황이었다. 또 2015년 메르스 사태로 38명의 사망자를 겪은 한국은 정부 차원에서 코로나19 진단키트 조기 승인을 전폭적으로 지원해 국내 진단키트 개발 기업들은 대내외적으로 절호의 기회를 얻은 셈이다. 그 결과는 매출 실적으로 나타났다. 진단키트 개발 기업들은 유례없는 수출 호조로 사상 최대의 실적을 거뒀고, 이는 주가의 수직 상승으로 이어 졌다. 하지만 진단키트 관련주들은 2020년 하반기부터 내리막길을 걷기 시작했다. 대신 백신 개발에 나선 기업들, 즉 백신 관련 주식이 상승을 이어갔다. 그리고 연말에는 치료제 관련 주식이 또 상승을 이어갔다. 하지만 백신 관련주와 치료제 관련주 역시 곧이어 하락으로 치달았다. 별다른 성과가 없거나 사실상 임상시험에 실패했기 때문이다.

주식은 꿈을 먹고 사는 것이라고들 말한다. 이 회사가 앞으로 뭔가 좋은 일이 있을 것이라는 기대감 때문에 일반인들이 주식을 사고 결과적으로 주가가 오른다. 재미있는 점은 기대감이 현실로 나타날 때, 즉 지금까지 기대했던 재료가 뉴스로 나타날 때 기대감은 더는 유효하지 않게 되고, 주가는 그날부터 폭락한다. 한 가지 예를 들어보자. 국내에서 가장 먼저 코로나19 백신 임상 3상에 진입한 SK바이오사이언스의 주식은 임상 3상 승인이 발표되기 대략 한 달 전부터 상승하기 시작해 발표 당일 장중 고점을 찍었다. 이후 임상 3상 승인이 발표된 이후부터 하락하기 시작했다. 특히 바이오 관련주는 임상시험의 신청, 보건당국의 승인, 실제 임상시험 결과가 매우 중요한 재료이기 때문에 재료의 결과에 따라 주가가 출렁인다. 이런 주가 상승과 하락의 기본적인 원리와 패턴을 알면 주식 시장에서 큰 돈을 벌지는 못하더라도 잃지 않을 수는 있다. 물론 주식 시장은 일반 투자자들이 예측할 수 없는 일들이 빈번하게 발생하기 때문에 단정적으로 말할 수는 없다. 주식 시장에서 상승과 하락은 언제나 있는 일이고, 투자는 전적으로 투자하는 사람의 몫이니 주가 하락을 뭐라고 할 수도 없는 노릇이다.

그렇지만 도덕적 해이라는 측면에서 보면 꼭 그렇지도 않아 보인다. 코로나19의 영향으로 주가가 상승한 일부 기업의 대주주나 이사들은 고점에서 주식을 팔아 막대한 차익을 거뒀다. 심지어 어떤 기업은 임상시험이 진행 중인 엄중한 상황에서도 주식을 팔았다. 회사 사정에 정통한 내부자가 임상시험 중에 주식을 팔았다면, 임상시험 실패 가능성을 염두에 두고 판 것이 아니냐는 합리적인 추론이 가능하다. 주식 시장은 주식을 대량으로 보유한 사람들이 주식을 팔면 주가 하락의 신호탄으로 받아들인다. 해당 기업의 관계자가 고점에서 주식을 파는 것이 법적으로 문제가 되지는 않는다. 다만 주식 투자자의 입장에서 보면 일종의 '먹튀'로 해석할 여지는 있다.

여기에 더해 주식 시장을 교묘하게 이용하는 세력들도 있다. 이를테면 별일도 아닌데 마치 대단한 일처럼 소문을 퍼트리거나 보도

자료를 내서 뉴스화하는 수법이다. 또는 아주 큰 악재가 있는데 이를 공개하지 않고 감추는 것이다. 이런 이유로 주가가 하락하면 회사의 내부 사정을 알 수 없는 개인 투자자는 어리둥절할 수밖에 없다. 결과적으로 큰 손해를 입고 주식을 파는 경우가 대부분이다.

주식 투자는 기본적으로 정보의 싸움이다. 남들이 알지 못하는 고급 정보를 알면 알수록 수익을 낼 확률도 커진다. 그런데 아쉽게도 개인 투자자는 정보력에서 기관 투자자나 회사 내부자를 따라잡을 수가 없다. 그렇다면 어떻게 해야 할까? 매일같이 주식 호가만 보고 있어야 할까? 출렁이는 주식 시장에서 살아남으려면 도대체 어떤 선택을 해야 할까?

바이오 주는 기본적으로 신약개발과 같이 아직 실현되지 않은 이익이 가까운 미래에 실현될 것이라는 기대감으로 사고파는 주식이다. 신약개발이 언제 끝날지, 또 끝난다면 성공할지, 성공한다면 얼마나 매출을 낼지 현재 시점에서는 정확하게 알 수 없다. 대략 짐작만 할 뿐이다. 신약개발은 매우 긴 시간이 걸리고 실패 확률이 성공 확률보다 압도적으로 높다. 그렇기 때문에 여윳돈이 없는 사람은 바이오 주식에 투자하면 곤란하다. 만약 여윳돈이 있다면 그 돈의 1/3 정도만 투자해보자. 1/3은 이 돈을 모두 잃어도 생활에 치명적인 타격이 오지 않는다는 가정으로 산정했다. 바꿔 말하면 주식 투자는 투자한 돈을 모두 잃어도 괜찮을 정도의 수준에서 투자하라는 얘기다. 그리고 일단 투자를 하면 5년 이상은 기다려보자. 투자자의 입장에서 5년은 다소 길 수도 있지만, 신약개발 기업의 입장에서 보면 결코 길지 않은 기간이다. 좀 더 여유가 있고 느긋한 투자자라면 10년 이상을 기다려보자. 투자한 바이오기업이 망하지 않고 신약개발에 성공한다면, 내가 10년 전에 투자한 돈으로는 도저히 살 수 없을 정도로 주가가 올라가 있을 것이다. 이렇게 투자 계획을 세워 놓으면 매일 호가를 볼 필요도 없고, 기업의 소소한 뉴스도 크게 신경 쓸 필요가 없다. 한 마디로 두 발 쭉 펴고 편안하게 잘 수 있다는 얘기다.

유럽의 전설적인 투자자 앙드레 코스톨라니는 저서《돈, 뜨겁게 사랑하고 차갑게 다루어라》에서 주식을 사면 수면제를 먹고 몇 년간 자라고 조언했다. 그러면 5년이나 10년 후 어느 날 주가를 확인하고 행복한 비명을 지를 수 있다. 물론 행복한 비명을 지르기 위한 한 가지 전제 조건, 어떤 주식에 투자하든 투자하기 전에 그 회사에 대해 정확하게 알고 있어야 한다. 저명한 투자자 존 리는 자신이 투자하려는 회사에 관한 아무런 정보도 없는 사람에게 적어도 1시간 이상 그 회사를 설명할 수 있을 정도로 알고 있어야 한다고 조언했다. 여기에 더해 필자는 기업의 CEO 역할이 매우 중요하다고 생각하기 때문에 CEO가 어떤 인물이며 어떤 생각으로 회사를 경영하는지 반드시 살펴볼 것을 추천한다.

국산 백신 기술 논란

2021년 10월 21일은 한국 우주개발 역사의 한 페이지를 장식한 날로 기록됐다. 이날 한국은 독자 기술로 개발한 한국형 우주발사체 누리호를 발사했다. 누리호 발사의 목적은 1.5톤의 위성 모사체를 지구 800킬로미터 상공에 올려놓는 것이었다. 2022년 6월 15일 예정인 본 발사에서 0.2톤의 위성과 1.3톤의 위성 모사체를 쏘아 올리기에 앞서 누리호의 실제 비행 성능을 최종 점검한 것이다. 결과는 절반의 성공이었다. 누리호는 고도 800킬로미터 상공까지 올라갔지만, 3단 엔진이 충분히 연소하지 못해 위성모사체가 목표 속도인 초속 7.5킬로미터에 도달하지 못하고 초속 6.5킬로미터에 그쳤다. 위성 모사체는 제 속도를 내지 못해 고도 800킬로미터를 유지하지 못하고 추락하고 말았다.

비록 누리호 1차 발사는 실패에 그쳤지만, 그 의미는 성공에 버

누리호 1차 발사
ⓒ한국항공우주연구원

금가는 것으로 평가받았다. 우주 발사체는 미사일로 전용될 수 있다는 점 때문에 국가 간 기술이전이 금지된다. 한국은 누리호를 국내 기술로 개발했다. 몇 가지 소소한 부품은 외국산을 썼지만, 핵심 기술을 비롯해 99퍼센트 국내 기술로 제작한 것이다. 이런 점에서 누리호는 국내 기술로 개발한 최초의 우주발사체라고 말해도 크게 무리가 없다.

코로나19 팬데믹 상황에서 한국 정부는 독자적인 백신 개발을 천명했다. 화이자, 모더나, 아스트라제네카, 얀센 등 해외 기업이 개발한 백신을 수입해 쓰다 보니 해외 기업이 제때 공급해주지 않으면, 우리 국민이 백신을 맞을 방법이 없었기 때문이다. 즉, 백신 주권을 확립하겠다는 얘기다. 백신 주권을 확립하지 않으면, 제2의 또는 제3의 코로나19가 발생했을 때 정부가 기민하게 대응할 수 없다는 정책적 판단도 작용했다. 정부의 지원에 힘입어 기업들도 백신 개발에 앞다퉈 뛰어들었다. 기업들은 저마다 서로 다른 플랫폼의 코로나19 백신 개발에 나섰는데, 이 가운데 임상시험에서 가장 앞선 기업은 SK바이오사이언스이다.

SK바이오사이언스는 2021년 8월 한국 식품의약품안전처로부터 임상시험 3상을 승인받았다. 당시 SK바이오사이언스는 임상 2상을 진행 중이었는데, 임상 2상 결과가 아직 나오지도 않은 상황에서 3상을 승인받은 것은 극히 이례적인 사례에 속했다. 이를 두고 조기 국산 백신 개발 성공을 위해 정부가 무리수를 두는 것 아니냐는 비판도 제기됐다. 업계 관계자들은 조기 임상 3상 승인은 SK바이오사이언스에게도 부담이었을 거라고 했다. 임상 3상을 빠르게 진행해 최대한 이른 시일 내에 최종 제품을 만들라는 무언의 압력으로 느꼈을 것이기 때문이다. 이 지점에서 두 가지 의문이 생긴다. 첫째, 정부는 왜 국산 백신 개발을 독촉했을까? 둘째, SK바이오사이언스가 개발하고 있는 백신을 국산 백신이라고 말할 수 있을까?

첫 번째 의문과 관련해서 미국의 상황을 참조할 필요가 있다. 2020년 11월 3일은 차기 미국 대통령을 뽑는 선거일이었다. 당시 미국 대통령이었던 트럼프는 대선 전에 코로나19 백신이 개발되기를 희망했다. 사실상 트럼프가 대선 이전에 백신 개발을 완료할 것을 바이오기업에 종용했다고 보는 것이 더 맞는다. 트럼프는 코로나19로 인한 사망자가 속출하는 미국 내 현실을 극복하고 대선에서 유리한 국면을 선점하기 위한 수단으로 백신 개발을 택한 것이다. 결과적으로 백신은 대선 전에 개발되지 않았다. 좀 더 정확하게 말하면 백신 개발사가 임상 3상까지 완료해놓고도 미국 FDA에 긴급사용 승인을 신청하지 않은 것이다. 대신 백신 개발사들은 미국 대선이 끝나자마자 앞다퉈 미국 FDA에 긴급사용 승인을 신청했다. 백신 개발사들이 대선 전에 긴급사용 승인을 신청할 수 있었음에도 하지 않은 이유에 대해서는 정확하게 밝혀지지 않았다. 다만 평소 과학을 경시하는 트럼프가 백신 이슈로 대선 국면에서 유리해지는 것을 백신 개발사들이 별로 달가워하지 않았을 것이라는 추측은 있었다. 다시 한국의 상황으로 돌아와 보자. 한국의 대통령 선거일은 2022년 3월 9일이었고, SK바이오사이언스는 4월 25일 임상 3상 결과를 발표했다. 결과적으로 국산 백신 승인이 대선 전에 이뤄지지 않은 셈이다. 다만 이날 대통령 당선인은 SK바이오사이언스를 방문해 백신 개발자들을 격려했으며, 공교롭게도 바로 다음날 대통령도 백신 개발 성공을 치하했다. 현 대통령이나 대통령 당선인이 성공적인 국산 백신의 임상 3상 결과를 격려한 것은 해당 기업을 넘어 전체 과학계를 격려하는 긍정적인 효과가 있다. 하지만 일각에서는 백신 개발 성공을 정치적 쇼로 이용하려고 한다는 비판의 목소리가 제기되기도 했다.

두 번째 의문점을 풀기 위해서는 먼저 SK바이오사이언스가 개발하는 코로나19 백신이 무엇인지부터 살펴봐야 한다. SK바이오사이언스가 개발하는 백신은 재조합 단백질 방식의 백신이다. 재조합 단백질 백신은 바이러스의 특정 부위인 스파이크를 단백질 형태로 만들어 인체에 넣는 방식이다. 스파이크는 코로나19 바이러스 표면의 단백질 가운데 하나로, 바이러스가 인간 세포에 침입할 때 열쇠 역할을 한다. 백신을 만들 때는 보통 바이러스를 죽인 사백신을 이용하거나 바이러스를 계대 배양해 약독화한 생백신을 이용한다. 그런데 죽이거나 독성을 약화시킨 상태이기는 하지만 바이러스 전체를 인체에 넣는 것은 아무래도 부작용 우려나 꺼림칙한 부분이 있다. 그래서 바이러스 일부를 단백질 형태로 만들어 인체에 넣는 재조합 단백질 백신이 등장했다. 스파이크 단백질을 인체에 넣으면 우리 몸의 면역계는 스파이크 단백질을 공격하는 항체를 생성한다. 이후 실제로 바이러스가 체내에 침입하면 이미 만들어진 항체가 바이러스를 공격하거나 스파이크 단백질을 기억하고 있던 면역계가 작동하면서 항체를 곧바로 생성해 인체 감염을 차단한다. 백신의 예방 원리다. 그런데 재조합 단백질 백신은 바이러스 일부를 단백질로 만들어 주입하다 보니 사백신이나 생백신보다 면역 반응을 일으키는 효과가 떨어진다. 이를 보완하기 위해서는 크게 두 가지가 필요하다.

첫 번째 필요한 기술은 재조합 스파이크 단백질을 만드는 기술이다. 둥그런 형태의 바이러스 표면에는 송곳 모양의 스파이크 단백질 여러 개가 돌출해 있다. 그런데 우리가 만드는 재조합 스파이크 단백질은 1개이다. 그래서 과학자들은 재조합 스파이크 단백질을 여러 개 만들어 실제 코로나19 바이러스와 같은 형태로 만든다. 가운데 둥그런 형태의 나노 물질을 만들고 나노 물질에 재조합 스파이크 단백질을 여러 개 붙여서 실제 코로나19 바이러스와 유사한 형태로 만드는 것이다. 여기서 중요한 것이 코어 역할을 하는 나노 물질과 나노 물질에 재조합 스파이크 단백질을 구조적으로 결합하는 기술이다. 이 기술은 SK바이오사이언스와 미국 워싱턴대학 항원디자인연구소가 공동 개발한 것으로 알려져 있다. 표면적으로는 공동 개발이라고 하지만, 실제로는 워싱턴대학이 주도적으로 개발했고, SK

바이오사이언스는 세포 배양을 통해 재조합 스파이크 단백질을 만드는 기술만 보유하고 있다.

두 번째 필요한 기술이 면역증강제 기술이다. 면역증강제는 백신을 투여했을 때 인체 면역 반응을 높이는 물질이다. 전 세계적으로 면역증강제는 글로벌 제약사 GSK가 선두주자다. GSK는 다수의 면역증강제를 개발해 보유하고 있는데, 현재 상용화된 재조합 단백질 백신의 대부분은 GSK의 면역증강제를 이용한다. SK바이오사이언스는 자사의 코로나19 백신에 GSK의 면역증강제를 이용한다. SK바이오사이언스는 국내에서 면역증강제를 독자 개발한 차백신연구소와 협업 논의를 했다고 한다. 그런데 차백신연구소의 면역증강제는 아직 상용 백신에 사용한 적이 없었다. 상용 백신에 한 차례도 사용한 적이 없는 면역증강제를 코로나19 백신에 사용하는 것이 부담스러웠기 때문에 이미 수십 년간 상용 백신에 사용한 GSK의 면역증강제를 택한 것이다.

결론적으로 말하면 SK바이오사이언스가 개발하고 있는 백신은 재조합 단백질 백신의 핵심인 나노 물질 결합 기술과 면역증강제 기술 모두 외국에 의존하고 있는 형국이다. 이런 점 때문에 업계 관계자들은 SK바이오사이언스의 코로나19 백신을 국산 백신이라고 말하는 것이 부적절하다고 지적했다. 백번 양보해 한국에서 생산하니까 국산 백신은 맞지만, 토종 백신은 아니라는 얘기다. 국산 백신 논란과 관련해 필자는 업계의 비판을 수긍하면서도 SK바이오사이언스의 노력을 평가 절하할 이유는 없다고 생각한다. 처음부터 모든 것을 국내 기술로 개발하지는 못하더라도, 꾸준히 노력하면 좋은 성과를 기대할 수 있기 때문이다.

JP모건과 만인 계획

　　셀라토즈테라퓨틱스의 CEO는 최근 몇 년 동안 매년 1월이면 미국 샌프란시스코를 찾았다. 해마다 샌프란시스코에서 열리는 JP 모건 헬스케어 컨퍼런스(이하 JP모건 컨퍼런스)에 참석하기 위해서이다. JP모건은 미국 근현대사의 전설적인 투자자이며, JP모건 컨퍼런스는 세계 최대 제약·바이오 분야 투자 행사다. 전 세계 굴지의 제약·바이오기업이 한자리에 모여 투자 유치와 기술이전을 위해 열띤 경쟁을 벌인다. 이 행사의 위상이 어느 정도이냐면, 한국 바이오기업이 JP모건 컨퍼런스에서 연구 성과를 발표한다는 것만으로도 해당 기업의 주가가 오르곤 한다. JP모건 컨퍼런스는 주최자가 공식 초청해야 참석할 수 있다. 그래서 초청을 받지 못한 바이오기업은 컨퍼런스가 열리는 행사장 근처에서 대기하기도 한다. 혹시라도 투자 회사 관계자를 만나 투자를 유치할 수 있지 않을까 하는 기대감

JP 모건

때문이다.

또 다른 제약·바이오 분야 투자 행사인 바이오텍 쇼케이스 biotech showcase는 JP모건 컨퍼런스와 함께 열리는데, 참가비만 내면 참석할 수 있다. 그래서 JP모건 컨퍼런스에 참석하지 못하는 기업은 바이오텍 쇼케이스에 참석하기도 한다. 여담이지만, JP모건 컨퍼런스와 바이오텍 쇼케이스가 열리는 시기에는 인근 호텔의 방값이 천정부지로 치솟는다. 이미 한두 달 전에 예약이 마감되기 때문에 날짜가 임박해서는 샌프란시스코 도심에서는 방을 구할 수가 없고 멀리 외곽에서조차 웃돈을 줘야 방을 구할 수 있다고 한다.

2022년 1월, 미국에서 열리는 JP모건 컨퍼런스에 참석하기 위해 출국을 준비하고 있는 셀라토즈테라퓨틱스 CEO를 만났다. 그는 앞으로 진행할 글로벌 임상시험과 미국 시장 진출을 위해 현지 법인 설립도 알아보고 있다고 했다. 미국 주 정부는 자국민의 일자리 창출을 위해서 기업 유치에 적극적이고, 한국과는 비교할 수 없을 정도로 많은 혜택을 제공한다고 했다.

미국이 바이오의 천국이라고 불리는 이유는 단연 세계 최강의 바이오 분야 기술을 보유했기 때문이다. 또 기업 활동에 좋은 환경도 빼놓을 수 없다. 기업 활동에 좋은 환경이란 예를 들면 땅을 싼값에 제공해준다거나 파격적인 세제 혜택을 준다거나 인력을 고용하면 그에 따른 추가 혜택을 준다거나 하는 것들이다. 미국은 바이오기업도 많고 대학과 연구소, 투자사도 많아 기본적으로 바이오 인프라가 잘 형성돼 있다. 만약 미국에서 대학교수가 창업한다면, 대학 차원에서 전폭적으로 지원한다. 미국 대학에는 연구혁신 담당 부총장이 있는데, 부총장 밑으로 여러 전문 분야 담당자가 있어서 연구 개발, 특허 신청, 기술이전, 투자 유치, 회사 설립과 운영 등을 다방면으로 지원해준다. 여기에 더해 연방정부의 연구비와 학교의 투자 유치 자금 지원 등이 있어서 개발한 기술을 상업화할 수 있도록 물심양면으로 지원해준다.

상황이 이렇다 보니 한국에서 바이오 회사를 창업하느니 아예 미국에서 창업하는 게 더 낫다는 말도 나오고 있다. 신생 벤처기업 수준의 바이오기업 CEO들을 만나면 대부분 이에 공감한다. 다만 자금 조달이나 한국에서의 대학 지도 교수와의 관계 등을 이유로 한국에서 먼저 창업을 한 뒤 미국 법인을 설립하는 방안을 선호한다. 이런 추이가 몇 년간 지속되면, 미국 법인 설립은 선택이 아니라 필수인 시대가 곧 도래할 것이다.

한 가지 안타까운 점은 한국의 젊고 유능한 인재가 더 좋은 기업 환경과 조건을 찾아 해외로 나가면 심각한 두뇌유출brain drain이 발생한다는 것이다. 지금이야 해외 유학생 대부분이 한국으로 돌아와 교수직을 찾거나 취업하거나 창업하지만, 앞으로는 유학생들이 현지에서 창업할 수도 있다. 무엇보다 신약을 개발해 세계 시장을 공략하려고 한다면 반드시 미국 FDA 벽을 넘어야 한다. 미국 FDA의 승인을 받기 위해서는 반드시 미국에서 임상시험을 진행해야 한다. 이런 측면에서 살펴보면 미국 현지 창업은 갈수록 더 많아질 수밖에 없는 구조다.

그렇다면 한국은 어떻게 대응해야 할까? 유능한 인재가 해외에서 고국으로 돌아오지 않거나 한국의 잘나가는 기업이 미국으로 아예 회사를 옮겨버리면 그땐 어떻게 해야 할까? 중국은 중국 출신의 유명 대학 교수나 연구원을 데려오기 위해 국가 차원의 프로젝트를 추진하고 있다. 천인 계획, 만인 계획으로 불리는 프로젝트는 전 세계 상위 1퍼센트의 똑똑한 과학자 천 명, 만 명을 중국 본토로 데려오는 것이 목표다. 그리고 이를 위해 파격적인 혜택을 제공한다. 예를 들면 미국 대학에 재직하고 있는 중국 출신 교수를 중국 대학 교수로 뽑는다. 대신 교수는 미국 대학의 여름방학과 겨울방학에만 중국 대학에 와서 일을 한다. 중국 대학 학부생이나 대학원생이 미국으로 유학을 가면 교수는 이들을 미국 대학에 있는 자신의 연구실 석사나 박사로 뽑는다. 중국 유학생들은 자연스럽게 미국 대학의 핵심 연구 기술을 습득한다. 이들은 미국 대학 졸업 후 다시 중국으로 돌아간다. 이는 만인 계획의 여러 방법 가운데 하나다. 그런데 공교롭게도 중국 출신 교수나 그의 제자는 미국 대학에서 개발한 기술이나 지식을 중국 대학으로 유출한다는 의혹을 받는다. 미국 정부 돈으로 개발한 기술을 중국으로 가져가서 중국 정부를 위해 사용한다는 것인데, 일종의 기술유출인 셈이다.

　이외에도 미국 정부는 중국이 다양한 방법으로 핵심 기술을 실제 유출하고 있다고 판단하고 있다. 이런 상황에서 미국 정부는 미국 내 중국 출신 교수가 과학 관련 국가 기밀이나 주요 특허를 중국에 넘기는 것으로 여겨 제재를 가하기도 했다. 이 때문에 미국과 중국은 한때 외교 갈등을 빚기도 했다.

　필자는 한국 정부가 중국의 천인 계획이나 만인 계획 같은 프로젝트를 추진한다는 얘기를 들어본 적이 없다. 미국은 JP모건 컨퍼런스로 전 세계 주요 바이오기업을 빨아들인다. 중국은 만인 계획으로 자국 인재를 다시 빨아들인다. 한국의 바이오벤처 CEO를 만나면 항상 하는 말이 있다. 한국은 규제도 많고 투자 유치도 어렵지만, 정말 힘든 건 인재 채용이라는 것이다. 쓸 만한 인재의 절반은 해외로 나가고, 나머지 절반은 대기업이 싹쓸이해서 벤처 기업에 오는 쓸 만한 인재는 극히 드물다는 한탄이었다.

신생 창업 기업의
생존 전략

　주식 시장은 크게 유통시장과 발행시장으로 나뉜다. 유통시장은 주식을 사고파는 시장이고, 발행시장은 주식을 발행하는 시장이다. 주식을 사고파는 것은 우리가 일반적으로 하는 주식거래를 말한다. 주식을 발행하는 것은 다른 말로 주식을 일반인에게 공개한다는 뜻이다. 회사가 주식을 일반인에게 공개하는 것을 IPO라고 하며, 주식 시장에서는 흔히 상장이라고 한다. 그러면 유통시장과 발행시장 가운데 돈을 벌기가 좀 더 수월한 시장은 어디일까? 투자를 좀 해본 사람 대부분은 발행시장이라고 답한다.

　A라는 회사가 코스닥에 상장한다고 가정해보자. 상장하기 전에 상장 주관사는 공모가를 산정한다. 회사의 가치에 따라 공모가는 천차만별인데, 일반적으로 주식의 액면가보다 높다. 액면가는 보통 500원이다. 초기 주주나 투자자들은 한 주당 500원 조금 넘는 수

준에서 주식을 구매할 수 있다는 얘기다. 만약 상장해서 주가가 만원이 됐다고 가정해보자. 단순하게 계산해봐도 20배의 차익이 남는다. 2021년 기준 한국 바이오기업의 상장 사례를 살펴보면 보통 10배 이상 차익을 내는 일이 비일비재했다. 이런 상황이 한동안 이어지면서, 바이오기업의 주요 목표 가운데 하나는 유가증권 시장에 회사를 상장하는 것이 됐다. 그래서 상장을 앞둔 바이오기업은 전문가를 영입한다. 보통 증권회사에서 IPO 업무를 주로 하던 사람을 영입하는데, 영입 비용이 수십억 원에 달한다. 물론 이 돈을 한 번에 주는 것은 아니고 상장 여부에 따라 성과급이나 스톡옵션 등의 형태로 준다.

상장을 앞둔 기업 CEO에게 상장을 위해 영입한 최고재무책임자chief financial officer, CFO와 대표이사Chief Executive officer, CEO 가운데 누가 더 많은 연봉을 받느냐고 물은 적이 있다. 그는 CFO가 자신보다 더 많은 연봉을 받는다고 답했다. 그만큼 상장이 기업 경영에 중요하다는 것이다. 이공계를 전공한 필자의 관점에서는 다소 씁쓸한 얘기다. 바이오벤처의 핵심은 기술력인데, 어느 순간 기업 상장이나 자금 모집funding 등 재무가 더 중요해졌기 때문이다. 그런데 바이오 업계의 현실을 좀 더 들여다보면 이 문제는 필자와 같은 이공계 출신의 한탄으로 치부할 수만은 없는 노릇이다. 상장을 하면 돈을 벌 수 있다. 어떤 경우에는 바이오기업인지, 바이오 투자 기업인지 구별하기 어려울 때도 많다. 쉽게 말해 본업은 신약을 개발하는 것인데, 어느 순간 신약개발보다 상장이나 투자 등에 더 관심을 쏟는 모양새다.

투자를 유치하는 방법에는 여러 가지가 있는데, 가장 대표적인 것이 자회사 상장이다. 이미 상장한 기업이 자신이 보유한 파이프라인을 하나 떼어 자회사를 설립해서 다시 상장하는 것이다. 예를 들어 스위스 제약·바이오기업 로이반트Roivant는 지질나노입자와 관련한 특허를 다수 보유한 기업 아뷰터스Arbutus와 합작해 자회사 제네반트Genevant를 설립했다. 코로나19 mRNA 백신을 개발한 미국 화이자, 독일 바이오엔테크는 제네반트와 지질나노입자 라이선스 계약을 체결했다. 로이반트의 자회사는 제네반트 외에도 이뮤노반트Immunovant, 더마반트Dermavant, 프로테오반트Proteovant 등 10개가 넘는다. 바이오 업계에서는 이들을 '반트 패밀리'라고 부른다. 로이반트는 상장하면 좋고, 상장 못하면 없애버리는 식으로 꾸준히 반트 패밀리를 만든다. 자회사 설립에 따른 장단점이 있겠지만 본업인 연구개발보다 상장과 투자에 더 집중한다면 과연 그 기업을 바이오기업이라고 말할 수 있을까?

기업 상장을 위해서는 기본적으로 기업을 설립해야 한다. 그렇다면 어떤 기업을 설립해야 할까? 바이오기업 창업자들은 대부분 본인의 전공을 바탕으로 창업을 한다. 에임드바이오 대표는 20여 년 동안 뇌 질환 분야에서 의사로 일한 에임드바이오 대표는 자신의 오랜 경험과 독창적인 아이디어로 뇌 질환과 관련한 바이오기업을 창업했다.

지티아이 바이오사이언스ZTI BIOSCIENCE는 이해하기도 다소 어려운 분야를 연구한다. 설명을 자세히 들으면 이해가 되지만, 얼핏 자료만 봐서는 무슨 일을 하는 기업인지 파악하기가 쉽지 않다. 어느 날 지티아이 바이오사이언스 대표에게 수많은 아이템 가운데 왜 이렇게 어려운 아이템으로 회사를 창업했느냐고 물어봤다. 대표의 대답은 아주 인상적이었다. 신생 창업 기업은 남들이 하지 않는 것을 해도 성공 여부를 장담하기 어려운데, 이미 해외에서 핫한 아이템은 국내 기업들도 많이 뛰어들어 있기 때문에 후발 주자로 뛰어들면 경쟁력이 없다는 것이다. 좀 더 직설적으로 표현하면 남들이 안 하는 것을 해야 비집고 들어갈 틈이 있다는 것이다. 설명을 듣고 나니 신생 창업 기업이 바이오 업계에서 살아남는 게 얼마나 힘든 일인지 십분 공감이 갔다. 이런 측면에서 보면 오랜 고생 끝에 살아남은 바이오 신생 창업 기업이 상장을 통해 소정의 열매를 맛보는 것도 그리 과한 것은 아니라는 생각도 든다.

그러나 꼭 짚고 넘어가야 할 점도 분명하다. 전문가들은 2000년대 초반 IT 버블 당시의 분위기와 지금 바이오 업계의 분위기가 매우 비슷하다고 말한다. 무분별한 상장이 지속되고, 상장 기업이 뚜렷한 성과를 내지 못한다면 바이오 업계에도 IT 버블 때와 같은 대폭락이 재현될 것이라는 경고인 것이다. 상장을 계획하거나 목전에 둔 바이오기업이라면 곱씹어 볼 문제다. 과연 누구를 위한 상장인지.

신약개발에
나서야 하는 이유

한때 블루오션이라는 말이 유행한 적이 있다. 블루오션은 아직 경쟁 상대가 적어 후발 주자가 시장에서 충분히 승부를 볼 수 있는 미지의 영역을 일컫는다. 블루오션의 반대말은 레드오션이다. 이미 경쟁이 치열해 후발 주자가 성공하기 힘든 시장을 말한다.

암은 한국을 비롯해 전 세계적으로 사망자 수 1위를 다투는 질병이다. 환자 수가 많다 보니 제약·바이오기업의 주요 목표 가운데 하나는 효능이 좋은 항암제를 개발하는 것이다. 기업 경영의 측면에서 환자 수는 매출과 직결되기 때문이다. 항암제는 암세포와 정상세포를 가리지 않고 공격하는 1세대 화학항암제에서 암세포만 정밀타격하는 2세대 표적항암제, 인체 면역세포를 이용하는 3세대 면역항암제까지 계속 진화해왔다.

1세대부터 3세대까지 항암제가 진화한 과정을 보면 항암제 시장은 이미 경쟁이 치열한 레드오션이라고 볼 수 있다. 반면 1세대와 2세대, 3세대가 타격하는 표적이 다르고 작용 기전도 다르다는 점은 항암제 시장을 블루오션이라고 볼 여지가 있다. 항암제를 개발하는 후발 주자는 기존 항암제로는 효과가 별로 없거나 아직 제대로 된 치료제가 없는 암을 표적으로 치료제를 개발하려고 할 것이다. 바꿔 말하면 레드오션인 항암제 시장에서 미개척지인 블루오션을 찾기 위해 고군분투하는 셈이다.

남들이 잘 하지 않거나 이제 막 연구가 시작된 분야에 뛰어드는 것이 선두 그룹에 속하기가 상대적으로 수월하고 성장 가능성도 크다. 개발에 성공해 이미 상용화했거나 시장의 주류가 형성된 분야에 뛰어들면 그만큼 경쟁이 치열할 수밖에 없다. 항암제를 개발하는 국내 제약·바이오기업을 살펴보면, 안타깝게도 대부분 후자에 속한다. 이미 해외에서 개발에 성공해 팔리고 있는 항암제를 따라하는 식으로 개발하거나 특허권이 종료된 항암제의 제네릭을 개발하는 꼴이다. 어차피 오랜 기간과 큰돈을 들여 신약을 개발할 거라면 남들이 잘 하지 않거나 초기 시장 단계의 신약개발에 과감히 도전하는 것은 어떨까? 그럴 수만 있다면 좋겠지만 현실은 그리 만만치가 않다.

첫째, 남들이 잘 하지 않는 분야에 도전하려면 그 분야의 전문가가 있어야 한다. 하지만 그런 연구를 하는 한국인 출신 전문가를 찾기는 쉽지 않다. 한국에서 대학을 졸업하고 해외 유명 대학원으로 유학을 떠난 경우를 가정해보자. 십중팔구 지도 교수가 추천해준 대학의 교수 연구실에 지원을 할 것이다. 지도 교수가 추천해준 대학의 교수는 지도 교수가 과거 유학할 당시 은사이거나 같은 분야를 연구하는 동료일 가능성이 크다. 결과적으로 이미 한국에서 연구가 진행되고 있는 분야를 공부할 확률이 높다.

둘째, 남들이 잘 하지 않은 분야는 투자를 유치하기 까다롭다. 투자자 입장에서는 유망하고 미래지향적인 분야인데 왜 미국이나 유럽은 연구를 하지 않느냐고 물을 수 있다. 메디노는 신생아의 5퍼센트 정도가 걸리는 희소 질환인 신생아 뇌 질환 치료제를 개발하는 기업이다. 신생아 뇌 질환 연구는 희소 질환인 데다 신생아를 대상으로 하기 때문에 성인을 대상으로 한 뇌 질환 연구보다 상대적으로 힘든 측면이 있다. 메디노 CEO는 신생아 뇌 질환 치료제가 아직 전 세계적으로 개발되지 않아서 충분히 경쟁력이 있다고 판단했다. 그런데 막상 투자 유치에 많은 어려움이 있었다. 앞서 기술한 것처럼 투자자들은 해외에서조차 연구가 많이 진행되지 않는 신생아 뇌 질환 분야를 왜 연구하는지 이해하지 못했다.

이러한 현실적인 문제로 바이오벤처가 독창적이면서 유망한 연구개발을 진행하는 것은 사실상 힘들다. 그렇다면 이 문제를 어떻게 해결할 수 있을까? 우선 창의적이고 도전적인 연구에 나서는 신진 연구자들이 많아야 한다. 또 신진 연구자들이 연구에 실패하더라도 이를 인정해주는 문화가 필요하다. 실패에 따른 불이익 때문에 도전조차 하지 못한다면, 개인 연구자뿐만 아니라 한국 사회 전체에게도 큰 소실이기 때문이다. 기업은 도전적인 연구를 하는 연구자나 벤처 기업을 발굴해 이들을 지원해주거나 성과가 무르익으면 제값을 주고 사줘야 한다. 정부는 도전적인 연구를 하는 연구자와 기업을 정책적으로 지원해줘야 한다. 이것이 필자가 생각하는 바람직한 바이오 분야의 선순환 구조다. 그러나 애석하게도 한국 사회에 바이오 분야의 선순환 구조는 아직 형성되지 않았다.

상황이 이러하니 바이오 분야에서 성공하는 것은 참으로 힘이 든다. 그런데도 바이오 분야, 그 가운데에서도 신약개발에 나서야 하는 이유는 미래에 가장 유망한 산업이기 때문이다. 생명공학정책연구센터가 발간한 《글로벌 제약산업 2026년 전망 보고서》를 살펴보면, 글로벌 의약품 매출액은 2021년 1,193조 원에서 2026년 1,629조 원으로 성장할 것이라고 전망했다. 대략 연평균 6.4퍼센트의 고성장 분야인 것이다.

바이오 분야가 유망한 이유를 간략하게 설명하면 다음과 같다. 과학기술의 발달로 사람들의 수명은 점점 늘어나고 있다. 통계청의 발표에 따르면 2020년 태어난 아이의 기대수명은 83.5년으로, 기대수명이 10년 전보다 3년 이상 늘었다. 기대수명이 늘어나면서 사람들은 병에 걸리지 않고 건강한 노년을 보내는 데 관심을 갖게 됐다. 바이오 분야가 고성장할 수밖에 없는 이유다. 국내에서도 코로나19를 계기로 바이오 분야의 중요성을 전 국민이 알게 됐다. 여기에 더해 주요 그룹사들이 앞다퉈 바이오 분야 투자를 하고 있다. 지금이야말로 한국의 바이오 분야가 한 단계 도약할 수 있는 절호의 기회다. 이를 위해서는 건전한 바이오 선순환 구조, 더 나아가 튼튼한 바이오 생태계 조성이 반드시 필요하다.

에필로그

중국을 통일하고 황제라는 칭호를 처음 쓴 진시황은 불로초를 찾기 위해 우리나라 제주도까지 사람을 보냈다고 한다. 예로부터 무병장수는 남녀노소, 모든 이의 소망이었다. 무병장수의 꿈은 결국 질병 퇴치로 귀결된다.

질병을 퇴치하기 위해서는 신약개발이 필수이다. 과학기술이 발전하지 않았을 때는 자연에서 쉽게 구할 수 있는 잎이나 풀을 약으로 사용했다. 과학기술이 발전한 이후 살펴보니, 잎이나 풀에는 질병 치료의 유용한 성분이 들어 있는 것으로 드러났다. 천연물 의약품이나 화학 의약품의 원료 대부분은 이런 잎이나 풀, 나무 껍데기 등에서 유래했다.

과학기술이 좀 더 발전하면서, 사람들은 질병의 원인을 규명하기 시작했다. 특히 유전자인 DNA와 DNA가 발현된 단백질은 질병의 원인과 밀접한 관계가 있다. 질병을 일으키는 원인 유전자가 있다는 점이 밝혀졌으며, 유전자 자체는 질병을 일으키지 않지만 유전자가 발현한 형태인 단백질에 이상이 생기면 질병을 일으킨다는 점도 규명됐다. 이에 착안해 체내에서 비정상적인 문제가 발생한 단백질을 표적으로 한 치료제가 폭발적으로 개발되기 시작했다. 이른바 항체 치료제 전성시대다.

항체를 비롯한 단백질 치료제 개발에 주력하던 과학자들은 시간이 지나면서 세포 자체에 관심을 쏟기 시작했다. 우리 몸에서 외부에서 침입한 적과 싸우는 인체 군대 조직인 면역세포를 이용하자는 아이디어이다. 면역세포 치료제가 최근 몇 년 사이 미국 FDA의 승인을 속속 받으면서, 면역세포 치료제는 신약개발의 대세로 떠올랐다.

그러는 가운데 2020년 누구도 예상치 못했던 코로나19 팬데믹 상황이 발생했다. 코로나19 바이러스는 mRNA 백신이라는 새로운 백신 플랫폼 기술을 탄생시켰다. mRNA 백신이 차세대 백신의 핵심으로 떠오르면서, microRNA, siRNA, RNAi 등의 RNA 기술도 함께 주목받기 시작했다.

여기서는 일일이 언급하지 않았지만, 이외에도 신약개발에는 수많은 기술이 적용되고 있다. 또 아직 일반인에게는 알려지지 않았지만, 지금도 전 세계 연구소에서는 혁신적인 신기술 연구가 진행되고 있다. 신약개발에 필요한 기술 발전 속도가 이전과는 비교할 수 없을 정도로 빨라진 것이다. 이는 무병장수를 바라는 인간에게는 분명 좋은 소식이다. 그런데 실제 신약을 개발하는 사람들에게도 좋은 소식일까? 신약은 이전에는 없었던 약으로, 신약으로 승인을 받으면 15년 동안 독점적인 판매가 보장된다. 이 때문에 신약개발은 실패할 위험이 크지만, 성공하면 수익이 아주 큰 분야다. 전 세계 유수기업이 신약개발에 뛰어드는 근본적인 이유다.

자, 이제 한국의 현실을 들여다보자. 현재 국내 바이오 기술은 과거와 비교할 수 없을 정도로 비약적인 발전을 했다. 하지만 여전히 바이오 강국인 미국보다 많이 뒤처진 것이 현실이다. 미국에서는 갖가지 신기술이 매우 빠른 속도로 등장한다. 국내 바이오 분야 과학자들은 미국의 신기술을 쫓아가는 것조차 버겁다. 이러한 상황에서 미국에서도 아직 나오지 않은 신기술을 개발하거나 신물질을 발굴하는 것은 사실상 낙타가 바늘귀를 통과하는 것보다 어렵다. 신약개발이 그만큼 어렵고 힘들다는 얘기다. 그렇다고 신약개발을 포기할 수도 없는 노릇이다.

《신약개발 전쟁》은 우리가 처한 현실을 직시하고 한계를 극복하기 위한 방안을 취재 경험을 바탕으로 한 제언이다. 실제 업계 종사자가 아닌 제3자의 시선에서 바라보기 때문에 다소 현실성이 떨어질 수도 있고, 맞지 않는 부분이 있을 수도 있다. 다만 바라건대 이 책을 통한 대중과의 소통이 국내 바이오산업 발전의 밑거름으로 이어지길 기대해본다.

신약개발 전쟁

1판 1쇄 발행 | 2022년 6월 10일
1판 5쇄 발행 | 2024년 12월 24일

지은이 | 이성규
펴낸이 | 박남주
편집자 | 박지연
펴낸곳 | 플루토
출판등록 | 2014년 9월 11일 제2014-61호
주소 | 07803 서울특별시 강서구 마곡동 797 에이스타워마곡 1204호
전화 | 070-4234-5134
팩스 | 0303-3441-5134
전자우편 | theplutobooker@gmail.com

ISBN 979-11-88569-36-6 03470